咖啡吧台師的新形象

頂級職人淋漓盡致咖啡調理技術

丸山珈琲 Barista 培練師
阪本義治

瑞昇文化

Contents

Chapter 1

New Barista

「新咖啡吧台師」的理想形象…… 4

前言～Barista Camp～…… 6

嶄新的咖啡吧台師與其肩負的未來…… 10

Chapter 2

Coffee Beans

原材料的咖啡豆…… 14

Chapter 3

Espresso Tasting

品嚐義式濃縮咖啡 …… 22

目的與方法 …… 24

風味 …… 31

口感 …… 35

Chapter 4

Brewing Espresso

義式濃縮咖啡的萃取技術 …… 38

義式濃縮咖啡的萃取技術與其掌控 …… 40

義式濃縮咖啡的萃取技術（1）從裝填粉到萃取的調整作業 …… 43

義式濃縮咖啡的萃取技術（2）防止咖啡粉餅產生通道 …… 52

Chapter 5

Cappuccino

卡布奇諾 …… 54

Chapter 6

Machine

了解機器 …… 68

磨豆機 …… 70
義式咖啡機 …… 75

Chapter 7

Barista Training

Barista 的培訓課程 …… 80

Chapter 8

Barista Championship

咖啡大師競賽…… 92

何謂世界盃咖啡大師競賽 …… 94
創意飲料 …… 98

WBC創設的經過 …… 104
咖啡大師競賽內容摘要 …… 107

日本的「新咖啡吧台師」…… 113

鈴木樹（丸山珈琲）…… 114
齋藤久美子（丸山珈琲）…… 115
中原見英（丸山珈琲）…… 116
櫛濱健治（丸山珈琲）…… 117
岩瀨由和（REC COFFEE）…… 118
山本知子（Unir）…… 119
竹元俊一（Coffee Soldier）…… 120
西谷恭兵（COFFEEHOUSE NISHIYA）…… 121
菊池伴武（NOZY COFFEE）…… 122
村田Saori（UCC咖啡學院）…… 123

Barista 培練師阪本義治的 Q & A …… 124

結語 …… 128
Special Thanks …… 130
後語 …… 131
出版資料 …… 134

※ 本書內容以月刊雜誌『Cafe&Restaurant』所連載的「咖啡吧台師的新形象」為基礎，潤飾、修正之後與新的企劃一起編輯而成。

Chapter 1

New Barista

「新咖啡吧台師」的理想形象

透過Barista Camp這個契機，
本人．阪本義治開始思考「新咖啡吧台師」的定義。
在此一邊回想專注於Barista Camp時的經過，
並談論其應有的理想的姿態。

前言～Barista Camp～

舉辦Barista Camp

我為何提倡所謂的「咖啡吧台師的新形象」並想把它傳達分享給各位呢？在這談論此事之前，首先我得提起有一年發生的一件大事。

2009年11月，在我目前任職的『丸山珈琲』小諸店舉行了一次名為Barista Camp 2009的活動。這是在2002年度 World Barista Championship（世界盃咖啡大師競賽，以下稱為WBC）的冠軍，即Barista的世界冠軍Fritz Storm的呼籲下齊聚一堂的。

Fritz向我們『丸山珈琲』的董事長丸山健太郎建議召集一個世界各國冠軍等級咖啡吧台師的高水準研習會，並開始努力付諸行動。

這次的Barista Camp選拔了四位Barista。2008年度WBC之中得到第四名的瑞典冠軍Daniel Remheden、2009年度WBC得到第六名的匈牙利冠軍Attila Malnar、2009年度WBC得到第四名的愛爾蘭冠軍Colin Harmon、以及『丸山珈琲』在職的2009年度Japan Barista Championship（以下稱為JBC）獲得冠軍的中原見英等。

Fritz負責Barista的綜合部門的講師，另一方面丸山則擔任關於原材料的綜合部門（咖啡的產地、味覺、烘焙等）的講師，針對如何提升Barista的各方面潛能和要素而舉行了這次的Camp。

左／在Barista Camp 2009之中與丸山健太郎一同擔任講師的Fritz Storm。
右／『丸山珈琲』的代表丸山健太郎。他身為採購家、杯測師活躍在世界舞台上。

「虛心以對」義式濃縮咖啡

Barista Camp的第一天，四位Barista從挑選豆子開始著手。當時所使用的咖啡豆是我們『丸山珈琲』為了這次研習會所準備的，包括來自宏都拉斯、瓜地馬拉、哥斯大黎加、巴西、肯亞的豆子，其中雖然也有Cup of Excellence（以下稱為COE）競標豆，但基本上全是我們平日所使用的豆子。

大家分別使用挑選出來的豆子來萃取義式濃縮咖啡。原本以為在萃取作業的同時，會一邊進行裝填粉、填壓、卡布奇諾等相關技術的演練培訓，但實際上截然不同。

四位Barista在萃取好義式濃縮咖啡之後進行品嚐，隨後再次萃取、品嚐，不斷反覆進行。他們專心一意默默地探求該豆子最佳風味的頂點。這份作業持續了好幾小時、好幾十次。

這種情景，使我從他們身上發現了許多跟我們有所不同的地方。

首先，他們並不在意萃取義式濃縮咖啡花費的時間。他們只在意萃取狀態與味道、香味等味覺相關的項目。一次又一次地萃取，並確認味道，這點是我們所沒有的。我本人雖然是培練『丸山珈琲』的同仁站在指導的立場，但從來不曾如此面對它反覆萃取同一種咖啡豆，而徹底追求其中的風味。

一般來說，只要咖啡粉的粉量與指標相符、萃取狀態良好，我們就認定此時的味道「是這個咖啡豆所擁有的潛能」。

然而他們用非常細微的項目來確認義式濃縮咖啡的品味。光是品味就用好幾種不同的表現進行討論，至於味道則是以風味、觸感、深度、餘韻來進行評估、議論。其中如有一個項目讓人不勝滿意，就再次進行萃取。

Daniel Remheden，在2008年度WBC之中得到第四名的瑞典冠軍。

Colin Harmon，在2009年度WBC得到第四名的愛爾蘭冠軍，同時也是2012年度WBC的決賽選手。

Attila Malnar，在2009年度WBC獲得第六名的匈牙利冠軍。

任職『丸山珈琲』，於2009年度JBC之中獲得冠軍的中原見英。目前以咖啡採購家、Barista的身份活躍於業界。

對於第一次使用的豆子，他們並不會急著下定論。用各種的萃取法，有時甚至大膽的實驗，一次又一次的進行調整。

瑞典冠軍Daniel萃出來的宏都拉斯濃縮咖啡散發出美妙芬芳的香氣，更有讓人難以相信的柔滑感。同一種豆子但我們『丸山珈琲』的同仁，卻無法得到同樣的結果。

會出現這種差距也是理所當然，因為當時的我們就不曾以這種觀點來萃取過。而他們平常就比我們深入理解咖啡的本質、以更細膩的方式來面對義式濃縮咖啡。

※ Cup of Excellence是用來區分咖啡品質的品評會，由各個生產國家舉辦，高評價的品種會透過國際網路拍賣上進行競標以及交易。

1 反覆進行萃取與品嚐的Barista們。

2 聽丸山健太郎述說咖啡產地與地理條件的Barista們。

3 細心觀察義式濃縮咖啡的顏色。

4 進行杯測的景象。在Barista Camp之中，會從義式濃縮咖啡跟杯測這兩方面來確認豆子的品質跟風味。

5 品嚐萃取好的義式濃縮咖啡，要是感到沒有得到充分的風味，會從各種角度進行分析其原因。就如同照片一樣，在萃取過後細心檢查咖啡粉餅的色澤與滲透度。

6 本人·阪本義治也參加了Barista Camp的品嚐與討論。

真正的專業高手

在Barista Camp之中，有人熱心詢問咖啡豆的產地的地理條件與微小氣候等等資訊，有人則是徹底追求味道變化跟烘焙深度等所造成的微妙影響。其中丸山健太郎，對烘焙與杯測、產地資訊進行了講解。

仔細觀察他們，讓本人又有了新的發現。跟我過去所遇到的Barista不同，他們對於咖啡產地與烘焙的狀況，深感興趣，且早已充分具備基礎知識。這點讓我感到非常的震驚。

在這Barista Camp的五天當中，真的只是反覆進行萃取、品嚐、議論的三步驟。在旁就近觀看，我認為他們可稱為是「真正的專業高手」。

他們非常有耐心的面對同一種豆子，並將該豆子優點發揮到淋漓盡致。明明就是我們『丸山珈琲』的同仁每天在用的豆子，卻在他們手中調出更加香醇動人的風味。

他們卯足全力的去理解原材料，並且用卓越的技術萃取出它的潛能。他們對生豆本身擁有基本知識與深厚的興趣，同時充滿了向上心。

我在Barista Camp之中的收穫—親眼目睹透過他們「讓咖啡的價值發揮到極致」。進而使我由中描塑出以Barista為職業的人所應有的風範。

從他們身上我彷彿看到了「Barista的全新形象」。

嶄新的Barista與其肩負的未來

咖啡界的侍酒師

我認為在現階段義式濃縮咖啡是展現精品咖啡之風味的最佳手段。對剛磨好的咖啡豆施予瞬間性的高壓，將咖啡豆的風味一口氣凝縮，讓所有的精華都注入杯中。鑽研這道工法，將各種咖啡豆的特色發揮到極致，這正是Barista這份工作的核心價值。

參加Barista Camp 2009的各位在這方面都展現過人的本領，從他們身上，本人切身的感受到「Barista的未來」。

除了義式濃縮咖啡這道須要高難度技巧的飲品之外，Barista還必須親手調製其他各種與咖啡相關的飲品。同時也得掌握各種咖啡豆擁有的特色、莊園資訊，隨著客人的需求來推薦、說明。更進一步的，他們要擅長將各種不同的美味和風韻傳達給對方，這樣才符合我心目中理想的Barista。

「咖啡界的侍酒師」

本人理想中的「新Barista」，如同侍酒師為葡萄酒所扮演的角色一般。

而這並不是我個人的理想而已。近年世界頂尖的Barista，正迅速的往這個方向發展。

為何會出現這種趨勢呢？本人認為WBC的發展與COE的活動導致咖啡品質的提升，兩者息息相關。

左／Daniel對於咖啡產地跟地理條件非常有興趣，擅長用義式濃縮咖啡來調出各種咖啡豆獨特的風味。

右／Colin身為Barista同時也是個老闆，經營咖啡店，選購烘焙好的咖啡豆。他本人常常前去拜訪批發的烘焙業者，仔細傳達自己對於品味的要求，也彼此交換各種不同的信息，注重與同行之間的交流。

WBC與高品質咖啡之間的關係

義式濃縮咖啡源自於義大利，在當地算是很普通的日常飲品。而在義大利，提供濃縮咖啡的飲食店（Bar）屬於一種「社群廣場」（Community），人們光一天下來就會在此喝上好幾杯的濃縮咖啡。當地的濃縮咖啡所使用的豆子，是用複數品種的豆子配出來的綜合豆，就跟他們的卡布奇諾一樣，加上大量的砂糖，攪拌之後飲用。這種風格的濃縮咖啡等於是義大利本地的文化，親身前往當地，讓我體會到這是義大利不變的優良傳統。但另一方面卻也覺得該文化並不容易滲透到世界各地。

Barista的世界大賽WBC於2000年首次舉辦。之後比賽水準年年提升。有關大賽規則也以歐美為中心越來越完善。參賽國家漸次增加，2007年舉辦了全亞洲第一次的WBC東京大賽。

在另一方面，咖啡的品質出現了不同的動向，COE可說是其中的代表。COE是選出各個生產國家之中最優良的咖啡的品評會，1999年巴西首次舉辦全國性的品評會，許多國家也在之後跟進。透過網路拍賣競標，許多品質非凡的咖啡豆開始流入世界各國的烘焙業者與咖啡廳內。

WBC與COE都是咖啡業界的重要活動，但在當初似乎沒有太大的關聯。一直到2009年的WBC兩者之間的密切關係才漸漸廣受注目。

在WBC之中名列前茅的Barista在比賽當中明確的表示，自己所使用的咖啡豆是COE得獎批次。就算沒有使用得獎的批次，也會選擇過去曾經得獎的莊園所生產的豆子，使用高品質的豆子成為在大賽中取勝的必備條件。而且選手所使用的豆子幾乎都不是綜合配方，而是其豆子與莊園的特色等最能夠表現的「Single Origin」（單一產區豆，中文簡稱單品豆）。這應該不是Barista偏好單品豆，不如說是把「想要展現的風味」與「想要表現的國家、產地」放第一時，綜合配方自然不在選項之中。

帶動Barista與義式濃縮咖啡朝向世界標準的WBC（照片是2012年的維也納大賽），促成咖啡業界迅速成長的契機。©Amanda Wilson

持續進步的Barista

先前已經說過「義式濃縮咖啡是萃取精品咖啡的最佳手段」，但根據我去義大利後的看法，混合豆依然是當地濃縮咖啡的主流。就算這幾年開始流通高品質的豆子，目前義大利用單品豆取代綜合豆的動向還是少有的。對該國來說，濃縮咖啡 是長久以來一成不變廣受歡迎的風味，或許一切都是以傳統為重吧。

但在不同文化的其他國家（義大利以外的歐美、澳大利亞、日本等）情況可就不一樣了。

隨著時代的變遷，高品質的咖啡豆開始在世界各地流通，同時堪稱為「咖啡傳教士」的Barista，咖啡的相關技術和講究品質的精神也已茁壯成形。

源自於義大利的Barista的職業正在業界之中日趨進化，脫胎換骨，呈現迴然不同的樣相。

在『丸山珈琲』，除了招牌綜合豆所萃取的濃縮咖啡之外，也提供使用季節限定的「今日濃縮咖啡」。類似的店家日益增加，讓人感到非常的高興。

Barista的全新形象與其肩負的未來

若想成為一位精練的Barista，下一個階段將是反覆進行杯測，學習世界水準的咖啡品質何在。為此所付出的努力，終究會延伸到更進一步的對品味的追求。

而再下一個階段，則是造訪產地國家，了解當地莊園的現狀。我個人認為必須具備這點，才有辦法理解下一章所要介紹的「原材料的咖啡豆」的真諦。

深入學習、熟知這些內容的Barista，將是不可多求的「精品咖啡的親善大使」。本人相信他們的存在，定可成為「全新形象的Barista」改變明日的咖啡界。

能夠萃取美味咖啡的Barista越來越多，若他們能向客人明確講解咖啡的內容、回應更多的需求，當然就會在這世界上出現更多好咖啡。藉此帶動更多的人追求美味的咖啡，品質較低的咖啡自然而然就會被淘汰，進而提升咖啡的附加價值。

提高咖啡的附加價值，將可讓更多人受惠無窮。這些利益可以回饋到在嚴苛的環境之下勞動的農夫們的身上。藉此，不但能提高他們的生活水平，更能提高他們生產咖啡豆的自信心和熱誠。

能否實現這個美好的未來，全都要靠平常面對顧客，最能夠發揮咖啡的品味的「新形象的Barista」。

訪問產地的中原見英咖啡師。筆者正因為目睹這趟旅程對她的內心所帶來的變化，所以深切感到造訪產地的必要性。在2009年度JBC之中她使用瓜地馬拉所生產的咖啡豆，因為經歷過這趟旅程，因此能在競賽之中確切表達出生產者的實態。

『丸山珈琲』的鈴木樹咖啡師，在參加2011年度WBC的幾個月前訪問哥斯大黎加的Sin Limites莊園(無限莊園)，親自了解自己在2011年度WBC比賽所要使用的豆子，並實現跟莊園主人海梅先生見面的夢想。照片之中的鈴木咖啡師親自把用西班牙文寫的信件交給海梅先生。傳達自己的熱誠並參觀種植咖啡的環境，這些經驗使她成長茁壯。

Chapter 2

Coffee Beans

原材料的咖啡豆

要萃取好的濃縮咖啡，必須充分理解身為原材料的咖啡豆本身。
本章將會介紹「了解咖啡豆」的方法跟信息。

本人認為有必要為Barista明示新的標準，因此動筆寫了這本書。其必要性與精品咖啡這種高品質咖啡的出現，以及應如何萃取、提供和該怎樣專注努力的課題有著密切的關聯。

義式濃縮咖啡的變遷

最近常見萃取、提供單品（Single Origin）的義式濃縮咖啡。但這其實也是最近才出現的傾向，一直到十年前為止，濃縮咖啡一直都是使用綜合豆，Barista也幾乎不曾關注生豆的品質。

但隨著時代的變遷、各種動向的影響，開始可以取得品質極高的咖啡豆。也就是所謂的精品咖啡（※）。

受此影響，開始提供先前所提到的單一產區豆的咖啡，或是將焦點放在生豆本身的品質。

※精品咖啡（Specialty Coffee）指的是液體時其品質極為良好的咖啡。在此所指的品質，是進行杯測時，在COE或SCAJ的評分表中得到80分以上的豆子。評估項目包含「乾淨度」「酸味的品質」「風味的特性」還有「甜度」「含在口中的質感」「餘韻給人的印象與質感」等等。意即從咖啡種子到杯子等所有的階段之中，全都以一貫的體制、流程來徹底進行品質管理（稱為From Seed to Cup）。詳細內容 可從SCAJ的網站中查詢。
http://www.scaj.org／about／specialty-coffee

咖啡的變革

先前我們所喝的咖啡只記載產地的國名，根本無從追尋是由誰在哪裡種植的大量生產的咖啡豆，但是近年這個趨勢產生變化。哪個地方、哪個地區、哪座莊園、由誰、採用什麼樣的生產處理方式，今日許多咖啡豆都能看到記載這些資訊。

這種現象為何發生，其中又有什麼源由存在呢？

我個人認為這是因為咖啡豆的品質提高與多元性開始得到理解。在味道方面以前的傾向是巴西、哥倫比亞…等以國家為單位區分相比。最近則注重諸如大的地區、小區域（地區）、或者莊園等地理位置，就算同一座山也分斜面與海拔高度的不同。另外也關注水洗處理廠和微批次處理廠等的單位、生產處理方式的不同…等等，我們開始了解這些因素的不同會大為影響到咖啡的風味。

要對咖啡豆的產地有所理解，並不是件簡單的事。本人雖然有多種機會去拜訪產地，但所看到的不過是冰山一角，要稱得上理解恐怕還是遠不可及。就算如此，努力去了解依舊非常的重要，哪怕只是一點點，只要能有更進一步的見解，萃取時的想法就會截然不同。

注視咖啡

所謂對咖啡關心注視的意思即是「構築與咖啡的關係」。希望大家用各種資訊得到知識，透過經驗記取的體會跟感受，注重與咖啡之間的種種關連，為此不惜付出一切的努力。

那麼，該關注哪個部分，又該留意哪些重點呢？在此介紹幾個要點以供參考。

日曬處理法的咖啡豆。日曬，指的是收穫的咖啡豆直接透過太陽的陽光來乾燥的處理方式。十年前的主流「講到義式濃縮咖啡，就是指日曬處理法的巴西豆」，此處理法所形成的獨特的巧克力感，被認為是義式濃縮咖啡不可缺少的要素。但隨著高品質的咖啡豆的出現，我們開始了解到這個特徵並不能說擁有好的「乾淨度」的味道。然而這種日曬處理法的豆子現在再次受到矚目。跟以前不同的是，一邊維持這處理法造成的特色，一邊維持「乾淨」清純的口感。2012年之後，日曬處理法的豆子又成為全世界的注目焦點。

①了解咖啡莊園的產地、地區

了解栽培咖啡豆的莊園，位於哪個國家的哪個地區。另外掌握在同一塊土地、同一個地區所收穫的咖啡豆具備什麼樣的特色。這些地理資訊同時也能用來預測一款咖啡的風味。

②了解咖啡莊園的海拔高度

生產咖啡豆的莊園位於多高的海拔，此海拔在該國中是屬於高的還是低的。

對咖啡豆來說產地的海拔標高是非常重要的因素之一，會影響酸的含有量跟品質。

左方照片是玻利維亞的「Agro takesi」（帖基謝）莊園，右邊是巴西的「Samambaia」（山米男孩）莊園。Agro takesi位於海拔很高又山勢峻險的高山之中，Samambaia則是在海拔較低、可以一眼瞭望的平地。產地的地理環境是了解這項豆子的重要資訊。

③了解生產處理法

收穫之後的處理方式，分成透過日曬直接讓咖啡豆進行乾燥的日曬處理法和用咖啡果實去皮機（Pulper）來去皮乾燥的半水洗處理法（在哥斯大黎加稱為蜜處理），以及將咖啡豆的皮跟果實完全洗過之後再進行乾燥的水洗處理法。處理法的不同跟風味有直接的關聯，是了解一款咖啡的重要資訊之一。

採用不同處理法的咖啡豆，由哥斯大黎加的出口商「Exclusive Coffee」所拍攝。最左邊採用水洗處理法，最右邊是收穫之後直接曬乾的日曬處理法。中央三種為半水洗處理法，也就是所謂的蜜處理。蜜處理另外又分成幾個不同的階段，除了稍微留有黏液質的黃蜜處理法之外，還有100％保留粘液質，但依糖度所有不同分別叫紅蜜跟黑蜜。生產處理法隨著時代的進步不斷進化，種類也極為多元。

過去的常識是用麻布袋來保存咖啡的生豆。但是麻布袋無法避免咖啡豆與空氣接觸，導致咖啡豆隨著時間而變質。為了改良這點所發展出來的保存方式，是像中央照片這樣的「真空包裝」，以真空狀態進行保存來避免跟空氣接觸。另一種方式則是比真空包裝要來得簡便的「Grain-Pro」（右方照片），這是將保存穀類的塑膠內袋改良成咖啡用的類型。使用起來不像真空包裝那麼費事，較低的成本也能得到一定的保存效果。

④了解生產者跟他們的團體

調查生產者跟相關團體的資料，可以了解這座莊園成立的背景跟歷史，以及當地的生活環境。了解生產者跟他們的團體之後，對於咖啡所抱持的熱誠也會更進一步加深。

⑤了解風味的評價

咖啡豆帶有怎樣的風味，杯測師跟咖啡豆的進出口公司所公佈的資訊跟評估，可以提供某種程度的幫助。

⑥聽取造訪過莊園的人的感想

身旁要是有人曾經去過那座莊園，則可以向本人詢問當地的狀況。接觸書籍跟網路所無法提供的第一手情報，可以加深對於咖啡的理解程度。

造訪產地也是有助於了解咖啡的重要手段。光看文章跟網路信息比較不容易理解的事情等透過各種經驗直接感受，有易於從各種角度具體了解咖啡。自己沒有機會造訪的話，也能拜訪經驗豐富的人士，從第一手的情報之中受益。照片內是正在參觀產地的『丸山珈琲』代表，咖啡採購家的丸山健太郎先生。據我所知，他是造訪咖啡豆產地次數最多的日本人之一。前往產地拜訪不光是可以加深自己對於咖啡的理解，在萃取濃縮咖啡時，也能得到更好的影響。

⑦欣賞產地、咖啡莊園的照片跟影片

在網路上受訊，大多可以找到產地跟咖啡莊園的照片和影片。藉此了解咖啡豆所擁有的地理特性的一部分。

⑧了解合適的烘焙程度

咖啡豆的烘焙程度，跟平時常用的豆子在烘焙上有什麼不同。除了烘焙程度之外，烘焙方式跟烘焙機的款式，也都會造成不同的影響。其中某些部分只有烘培師才有辦法理解，但至少要了解跟自己常用的豆子，藉此來進行比較。

烘焙程度與加熱的方式、大為改變咖啡的風味。對該原材料，最佳的烘焙方式為何？深入瞭解，並從中找出最佳的烘焙過程，將使義式濃縮咖啡的味道產生重大的變化。另一項重大因素是確認烘焙後熟成的經過，也就是「熟成／養豆子」的重要性。很少咖啡是剛烘完後就風味最佳，隨著時間經過，品嚐時機也跟著改變。特別是用高壓萃取的義式濃縮咖啡，若鮮度過高，烘焙時豆內形成的二氧化碳會大量釋放出來，形成輕微的蘇打水般的觸感，妨礙到咖啡纖細的口感與風味。為了防止這點，烘焙後須經由熟成階段，其日數、包裝形態和包裝時之環境都有密切的關係。

⑨用自己習慣的沖煮法來試喝

義式濃縮咖啡，萃取之後會有某種特別突顯出的風味，或是較為濃厚的感覺。若想深入了解一款咖啡豆，可以用平時慣用的沖煮方式（沖濾式、虹吸式、法式濾壓壺等等）來品嚐看看。

⑩採購豆子杯測

採購豆子時，不論是要確認咖啡的品質還是測試烘焙結果，都會以杯測來當作標準。要透過杯測來確實了解咖啡豆的品質，當然必須向專家或是經常杯測的人學習。透過杯測，我們才能擁有跟烘焙師、採購家同樣的眼光進一步了解咖啡本身的好壞。

⑪用義式濃縮咖啡的方式反覆進行萃取

一位Barista想了解原材料之咖啡豆的時候，必須實際萃取濃縮咖啡。

到目前為止，我們列舉了提升濃縮咖啡味道品質所須的各種要素，但直接萃取與品嚐是理解該原材料的最好的辦法。

實踐以上內容，可以加深我們對於豆子的理解。深入理解之後，對於豆子是否更加喜歡、產生更大的興趣了呢？

要是覺得自己比過去更有興趣的話，相信跟沒有這些資訊的時候相比，一定可以萃取出更美味的濃縮咖啡。喜歡其咖啡，並且對它有深入的理解，是萃取出好咖啡的最佳捷徑。

栽種的農夫在何種環境下、用怎樣的心意來栽植，不論多寡只要對此有所理解，都能喚起對咖啡的各種感觸。這種內心的觸動，有時能得到技術培訓時無法產生的「熱誠」使Barista更能發揮實力。

Chapter 3

Espresso Tasting

品嚐義式濃縮咖啡

義式濃縮咖啡是各種濃縮咖啡相關飲品最為基本的型態。
本章將說明如何進行品嚐，判斷咖啡的好壞。

品嚐義式濃縮咖啡 1

目的與方法

如何對於義式濃縮咖啡進行品嚐與評估，學習這項技能的目的在於增加身為Barista的各種「抽屜」，這能夠使Barista提升萃取能力。「抽屜」指的是透過訓練，將一款咖啡豆所擁有的風味淋漓盡致的灌注到杯中，做為自己的表現方式，當作與他人溝通的語言。

透過Barista的雙手，將風味充分地萃取出來的義式濃縮咖啡、卡布奇諾，可以讓客人享受到無比的感動跟喜悅。同時我們也能將那杯美味咖啡的特徵、品嚐時腦海之中浮現的情景當作話題，透過交談來讓客人愉悅滿意。就好比侍酒師跟葡萄酒一樣，這也是Barista的重要工作之一。

懂得怎麼品嚐義式濃縮咖啡來進行正確的評估，可以讓Barista的技能確實提升，得到更進一步的萃取能力。而這同時也是讓客人以最大滿足來享受咖啡的關鍵性技能。

請看右頁所顯示的義式濃縮咖啡評估表。這張表格由本人設計，在此將會用其中的各個項目來說明品嚐義式濃縮咖啡的方法。

準備事項

在開始進行品嚐之前，要先寫下咖啡豆的品種。

請看檢查表左上方「Check 0」的項目。這款咖啡豆是由哪個國家、哪個地區所生產、以什麼樣的比率進行混合、什麼時候進行烘焙等等，請將這些情報全數記錄在此。

寫好之後就可以開始進行沖煮。在調整沖煮作業的時候可以使用一口杯（Shot Glass），但實際品嚐時請務必使用濃縮咖啡杯（Demitasse Cup）。這是因為讓客人實際享用的時候會使用濃縮咖啡杯，杯子的形狀跟材質要是有所改變，味道所呈現出來的感覺也不一樣。習慣之後使用一口杯也無妨，但尚未熟悉之前，請務必使用濃縮咖啡杯。

接著就讓我們實際開始測試。

義式濃縮咖啡評估表

記錄日期 記錄者

Check 0 咖啡豆的品種、配方、熟成期間

Check 1 香氣與濃縮咖啡的外觀

香氣／Aroma

Crema 的顏色 1 2 3 4 5

質感的細膩度 1 2 3 4 5

Check 2 整體的味道

液體的溫度 沒有異常 高溫 低溫

風味／Flavor 1 2 3 4 5 ×2

甜度／Sweetness 1 2 3 4 5 ×2

酸味／Acidity、乾淨度／Clean cup 1 2 3 4 5 ×2

口感／Mouth Feel 1 2 3 4 5 ×2

Check 3 餘韻、觸感

餘韻／After Taste 1 2 3 4 5

舌頭的觸感

Check 4 整體評估

濃縮咖啡的整體評價 1 2 3 4 5

所有項目的合計 ／60

1：有問題 2：普通 3：良 4：優 5：極優

香氣與濃縮咖啡的外觀

感受香氣

目的　香氣（Aroma）這個項目，是用來判斷原材料（生豆）本身所擁有的特色，透過烘焙、萃取是否確實地灌注到杯中的指標。

方法　用恰當的方法萃取好濃縮咖啡之後，立刻將咖啡杯拿到鼻子附近聞一下咖啡的香氣（照片1）。

「香氣是強或弱、強到什麼程度」「感覺像花香的話則寫出花的品種」「像水果般的話則寫出水果的品種」以具體的描述來 評論香氣的種類。

聞香氣的機會有兩次。一次是在剛萃取好的時候，另外是在品嚐之前用湯匙攪拌之後。把握好這兩次機會，好好感受一下咖啡的香氣。

觀察Crema顏色和質感

目的　觀察Crema的顏色跟細膩度，是為了確認咖啡豆的新鮮度、咖啡粉的粗細度 、萃取作業等原材料之豆子以外的項目是否正確完成。跟豆子本身的好壞並沒有太大的關係。

方法　觀察杯中Crema的顏色跟質感的細膩度（照片2）。 顏色用肉眼觀察即可。質感的細膩度，則是透過Crema泡沫的大小跟光滑，以及在喝之前用湯匙攪拌3次時的Crema泡沫大小來進行判斷（照片3）。

怎樣的顏色最為恰當，並沒有決定性的標準，一般來說表面擁有美麗光澤的赤褐色與褐色較為優良。

不過有關顏色，只要不是太黑或太白即可，千萬不要只用顏色來判斷濃縮咖啡的好壞。基本上顏色是用來判斷豆子新鮮度跟粗細狀態是否恰當的指標。另外還必須記得，色澤會因為豆子種類跟公克數而出現很大的變化。

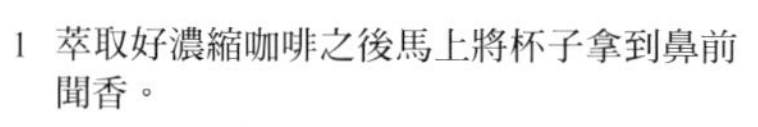

1 萃取好濃縮咖啡之後馬上將杯子拿到鼻前聞香。

2 Crema的顏色則是在萃取之後用肉眼確認。

3 攪拌Crema的理由有兩個。第一是確認Crema的質感與細膩度。第二則是確認Crema下方的液體所散方出來的香氣。Crema下方的液體所包含的味道，才是咖啡原本的風味。

確認品味

風味

目的　風味是用來評估濃縮咖啡的重要項目之一。因為濃縮咖啡是將精品咖啡的風味發揮到極致的最佳方法。

飲用濃縮咖啡時，在整個口腔內部擴散開來的味道，以及湧上鼻腔的香氣，這些感覺全部包含在一起，我們用風味（Flavor）來稱呼。風味這個項目所要確認的是，烘焙結果跟Barista所進行的萃取作業，是否把豆子本身所擁有的特色（Character）毫無遺漏的在杯中呈現出來。

方法　用湯匙將濃縮咖啡攪拌之後迅速試聞香氣，隨後馬上進行品嚐。品嚐方式如下：

品嚐濃縮咖啡的時候，要特別去意識到Crema下方的液體。Crema只是整體觸感之中的一部分、各種指標的其中之一。每次都要提醒自己將液體確實攪拌之後馬上飲用。

①將濃縮咖啡攪拌2～3次
②將杯子拿到鼻子附近聞聞香氣
③馬上進行品嚐

這三個步驟。在形容風味的時候可以先用「香濃的風味」「水果般的味道」等單純的區分方式來著手，最後則是以「茉莉花般的芳香」「堅果般的香濃」「芒果般的水果感」等花與水果的名稱來找出具體的形容。

酸味的品質

目的　「酸味」對咖啡來說是非常重要的要素，同時也是判斷原材料的豆子之好壞的關鍵性因素。酸味會受到烘焙與萃取的影響，但同時也是生豆本身的特色。

方法　許多Barista在品嚐的時候若感覺到酸味，多半會很快地打下否定性的評論，但這份酸味到底是「尖酸的感覺」還是「口腔下顎深處的酸刺感」或者是「如橘子等水果般的酸甜感」呢？在急著下定論之前必須清楚辨認其酸味的性質。我建議大家可以試著改變粗細度跟公克數，仔細品嚐來比較看看。

甜度

目的　咖啡豆含有糖分，這個項目將用來判斷咖啡豆本身的甜度（Sweetness）。隨著裝填粉（43頁）的份量與萃取狀態的不同，咖啡所呈現的甜度也會出現很大的變化。

方法　感受甜度的方式有兩種。第一種是將液體含到口中時所出現的水果般的甜味，以及吞下之後，依餘韻的型態所帶來的，有如砂糖般的甘甜。這兩種甜度都是正確的感受方式。

口感

目的　將咖啡含在口中時所呈現出來的質感，我們稱為口感（Mouth Feel）。也就是將液體含到口中時，在舌頭與下顎內側所感受到的味道。濃縮咖啡是用高壓萃取，屬於接近乳化的狀態，黏稠度也比一般的咖啡要來得更高。萃取出來的液體所擁有的質感與觸感，會隨著原材料的不同出現很大的變化。同時要記得這也會受到烘焙程度與咖啡師萃取技術的影響。

方法　如果第一口只將Crema含入口中，有時候會誤覺到良好的口感。但是良好的口感並不在於Crema，而是在下部黑色的液體之中。好的口感會有濃郁的厚重感存在，喝起來讓人感到回味無窮，也不會帶有粗雜感或澀味。判斷口感的時候請不要只用含有大量Crema的第一口來下定論，建議大家可以再喝一口，綜合兩者來進行評論。

餘韻

目的　餘韻（After Taste），是喝下濃縮咖啡之後餘留在口中的感覺。試著去感受喝完咖啡之後口中餘韻的性質、質感，以及在整個口腔之中擴散開來的香氣，藉此判斷餘韻與香氣的好壞跟持續性。

方法　喝完之後留在口中的餘韻與甜度感覺是否持續良好？還是馬上消失、伴隨有刺激性的酸味與澀味？請用這種感覺來判斷餘韻的好壞。

舌頭上的觸感

舌頭上的觸感，指的是「舌頭的哪個部位感覺到味道」。

將咖啡含在口中，若是只有舌尖出現味道，則有可能是萃取得不夠充分，也就是還處於「未萃取」的狀態。如果在舌根或下顎根部感覺到咖啡強烈的味道，則可能是萃取過頭，這個狀態稱為「過度萃取」。後者有時也會出現該豆子所形成的不良酸味。

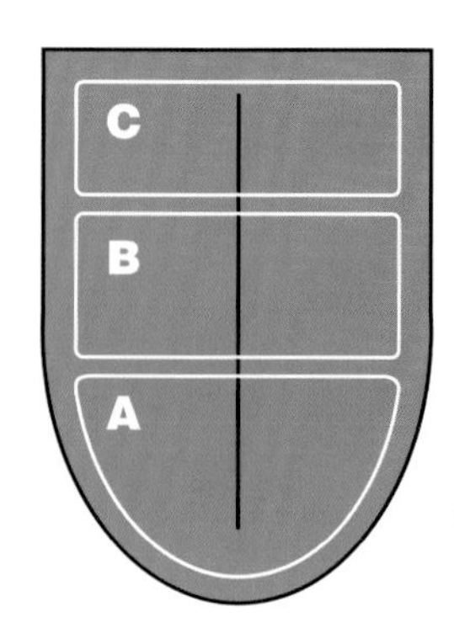

舌頭感受部位的分佈圖。若是只有舌尖的A 感覺到味道，可能是萃取得不夠，舌根的C 與下顎感覺到強烈的味道，則有可能是萃取過度。A～C整個舌頭都感覺到濃縮咖啡的味道，則稱得上是「蘊含深度的液體」，萃取狀況應該也相當良好。

品嚐義式濃縮咖啡的總結

在學習、了解濃縮咖啡的品嚐方式時，有兩個重點要跟大家分享。

第一點是「不要急著下定論，耐心的進行萃取跟品嚐的作業」。

義式濃縮咖啡的味道，會受到磨豆粗細度、烘焙之後的熟成期間、溫度、濕度、咖啡粉的公克數等眾多項目影響。

在進行品嚐時，每一杯咖啡請務必喝上兩次。第一次與第二次的感受都不一樣，隨著進入口中的Crema、液體份量、溫度的不同等。不要急著去下定論，請鼓舞自己每天反覆持續去嘗試。

第二點則是「為了維持客觀性，試著使用各種不同的豆子，在不同環境之中進行」。原材料指的是咖啡豆，環境除了是指機器之外，還包括參加咖啡研討會、課程，讓自己置身於高水準的資訊與正確的知識之中。如果老是在自己的店裡使用慣用的咖啡豆，有可能會局限自己的眼光。盡量接觸各種豆子，多去了解高度的信息。

最後再度提醒各位，品嚐義式濃縮咖啡最主要的目的，在於「盡可能提高Barista的技術，增加「抽屜」提高「萃取」的能力令客戶享受滿足和喜悅」。

Barista的各種技能之中，品嚐濃縮咖啡可說是極具核心的部分，請各位要確實的掌握。

40
20
milliliters

為本章節進行解說的丸山健太郎先生。他擁有超過五十次的國際咖啡品評會的經驗，以及將近十年的義式濃縮咖啡的經驗，為本章風味與口感的項目進行解說。

品嚐義式濃縮咖啡2

風味

義式濃縮咖啡，是將精品咖啡的風味展現到極致的飲品。

在此讓我們將焦點放在品嚐作業中的「風味」這個項目上，詳細說明要怎麼去辨識風味。

這份解說的內容，以我現在任職的『丸山珈琲』董事長．丸山健太郎的指導內容為基礎。

首先請看第33頁「分辨風味的方式」這份圖表。圖表之中簡單整理出如何去感受濃縮咖啡的風味。

實際進行品嚐時，就算覺得自己感受不到、無法辨別出來也無妨，最重要的是努力去體會相關的風味。

STEP 1

分辨跟酸味無關的風味

在辨認義式濃縮咖啡的風味時，首先要判斷是這份風味屬於「巧克力」「堅果」「香料」等三個分類之中的哪一種。

對於液體顏色深濃的濃縮咖啡來說，巧克力與堅果、香料等種類的風味比較容易顯現，判斷起來也較為容易。

可以清楚地感受到風味來進行辨識的話當然最好。但就算印象有點模糊也沒關係，只要從三種分類之中聯想到其中任何一種，就可以一邊參考33頁的圖表，一邊試著進行分類，然後更深入地接近下一個階段。

在此假設你所喝到的義式濃縮咖啡，擁有屬於巧克力系統的風味。那下一步則是去判斷，這個巧克力風味是否擁有黑巧克力般的苦味，還是帶有像牛奶巧克力般的柔和度，按照這種要領更仔細地分類。在此假設黑巧克力的風味較強，那麼這份苦的味道若是用可可含量來說明的話，可能是幾%呢？給人高級巧克力的感覺？還是較為大眾化的一般巧克力？一邊以這種方式來思考，一邊更具體的讓咖啡風味所擁有的要素浮現到台面上。

分辨堅果、香料的風味也是按照這個要領來進行。如果是堅果類的話，是杏仁還是榛果，又或者比較接近花生？是炒過的還是生的。

一開始感覺不到也沒關係，重點在於盡可能的去體會、辨識一下濃縮咖啡所散發出來的風味所帶來的種種感受。

STEP 2
辨別優質酸味的風味

飲用義式濃縮咖啡時，若覺得有水果般的風味，那就意味著是含「優質酸味」的濃縮咖啡。

為何特別以兩個STEP來說明這個話題，是因為義式濃縮咖啡常帶有巧克力跟堅果的風味，卻有些豆子不會呈現水果般的風味。這時不用勉強去加以評論。亦即感覺不出水果風味的話，則不用勉強歸類。

帶有水果風味的義式濃縮咖啡，大多可分成「柑橘類」「漿果類」和「熱帶水果類」等三大類。

請看右圖。如果是柑橘類的話，可以更進一步細分為三種。酸味較弱的是檸檬，再來是葡萄柚，如果帶有清楚的甘甜加酸味的話，則可用橘子來表現。

以同樣方式也可以分辨漿果類的風味。較容易感受酸味的是覆盆莓，甜味漸漸變濃的則是藍莓、黑莓等味道。

至於熱帶水果（奇異果、芒果、香蕉、百香果、鳳梨、木瓜）的話，則須掌握各個水果的特色，判斷是否跟這些水果有同樣的風味。比方說鳳梨，含有大量的酸味和充分甜度，芒果則甜度較高酸味較弱。諸如此般，在熱帶水果的分類中，掌握各種水果的特徵是很重要的事。

除了以上三種系列之外，有時也會感到花卉（Floral）系列的風味。Floral指的是花朵般的芳香，具體地說，能聞到如茉莉花、香草、堇花般地幽然清香。若帶有花卉類風味時，一萃取出來大多把杯子一靠近臉部即可清楚地聞到所散發的花香和風味。

分辨風味的方式

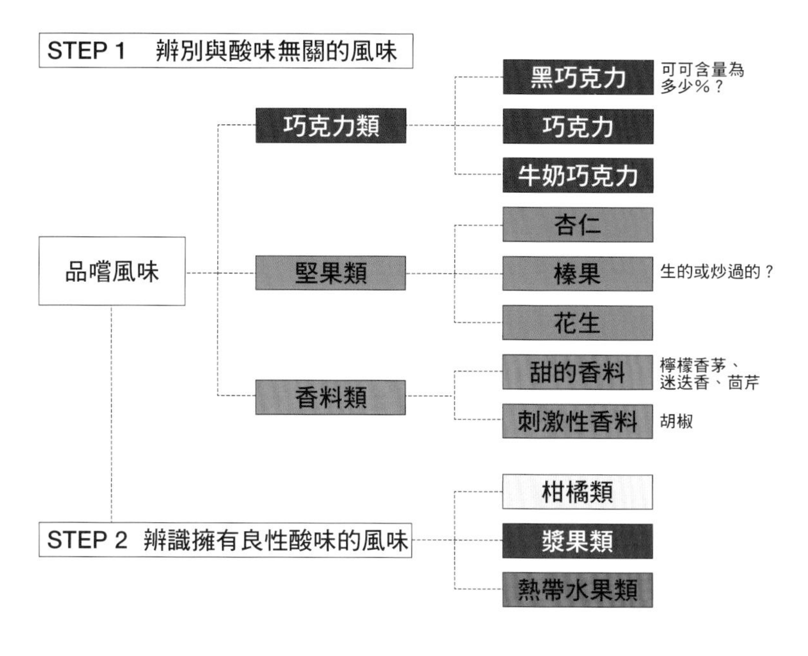

分辨風味的方式「柑橘類」

弱 → 強、甜

柑橘類	檸檬	葡萄柚	橘子

分辨風味的方式「漿果類」

酸味較強 → 甜度、濃郁感較強

漿果類	覆盆子	藍莓	黑莓

分辨風味的方式「熱帶水果類」

熱帶水果類	奇異果	芒果	香蕉
	百香果	鳳梨	木瓜

※ 辨識熱帶水果時，必須掌握各種水果的特徵來判斷是否有同樣類型的風味。

蘋果類

※ 高山地區出產的良好原材料，有時會帶蘋果、青蘋果的風味。

接觸各式各樣的風味

若想辨認出咖啡的風味，我建議大家盡可能多去品嚐各種食品和材料來訓練自己。光是先前舉出的資料之中，就包含有二十種以上的食品與香料，更進一步細分的話種類則更多。不曾品嚐過的材料，當然無法想像其味道如何，更無從分析其風味好壞。

光就巧克力來說，大分類就有黑巧克力跟牛奶巧克力，可可含量的成分非常細膩，各有不同的風味。積極的去了解各種食品的味道，定可幫助大家提升辨識風味的能力。更重要的是，對各種食品和飲料抱持興趣，既可擴廣身為Barista的知識及見聞，也可藉此話題和客人構築交流關係。

風味的總結

飲用義式濃縮咖啡，若是有人突然問你「腦中浮現的印象為何？」，恐怕令人難以回答。但如果改成「在巧克力、堅果、香料之中哪一種比較接近？」則選擇範圍大為縮小。

必須經過相當程度的培訓，我們才有辦法辨別咖啡的品味。而掌握這份技能的關鍵，在於反覆不斷的練習。

總之對咖啡（原材料）抱持興趣，擴展視野，帶著探求心深入思尋其可能性。只要不忘這點並且身體力行，相信必可掌握原材料的特色，也能用自己的語辭來將這些特色表現出來。除了能跟客人更進一步的交流之外，也能讓自己努力探索更具有潛力的咖啡豆。

品嚐義式濃縮咖啡 3

口感

在此將重點放在品嚐作業之中「口感」這個項目，具體說明如何分辨口感。

口感（Mouth Feel）一詞，是杯測與品嚐所發明出來的特殊名詞，意思是「將液體含到口中時，舌頭與口腔內所出現的質感」。這份質感在跟舌頭與口頰內側接觸時，必須讓人感到舒爽，覺得喜歡才行。

義式濃縮咖啡的黏稠度比沖濾式咖啡要來得高，這份黏稠感是濃縮咖啡的主要特色之一，客人在品嚐的時候當然也會很期待這點。

判斷口感的方法

就如同上述所提到的，口感必須讓人感到「舒服」「喜歡」，此時有一點必須特別注意。

在確認口感時，首先須萃取出外觀潤麗的濃縮。這會受烘焙程度、熟成（養豆）期間等豆子的狀態所影響，以如蜂蜜般濃郁滴下為目標進行調整。

「質感千萬不可出現所謂『粗糙』與『刺激性』的感覺」。品質良好的義式濃縮咖啡，在黏稠度跟厚重感這方面必須紮實，但不可帶有粗糙或強烈的刺激感。

在確認口感時請注意不要被強弱與刺激性，以及液體的份量的多少所左右。

口感的要素

口感的表現方式

在口感方面將義式濃縮咖啡含到口中時，希望各位首先要感受一下「液體接觸到舌頭表面時的感覺」。在此舉出一些口感良好時的表現方式。

－Oily…具有黏稠度，油脂成分讓人有舒適的感覺。

－Syrupy…液體的感覺比Oily更為光滑，有如糖漿一般。

－Creamy…在口中出現柔滑的質感。

－Buttery…伴隨油脂成分的高級柔滑感，形成稍微融化的奶油一般的觸感。

－Silky…細膩柔滑的口感有如絲綢一般。

厚重、紮實的質感

接著來看看液體是否具有厚重（身為義式濃縮咖啡的濃郁感）、紮實的質感。液體若具備充分的厚重感可以用Heavy來表現，厚重且具有紮實的質感時則用Rich來表現。

試著評估厚重與紮實的質感時，請注意不要將咖啡粉的多寡與粗細調整所造成的印象，當作Heavy或Rich來表現。

其他的質感

在體會口感的時候，另外還有其他幾種形容方式。

比方說當濃縮咖啡的液體確實擁有紮實良好的質感時，可以用Compact來形容，質感圓融溫和的場合用Round來表現。

在義式濃縮咖啡之中，有些會配綜合豆來表現複雜的口感，或是表現出多種多元的質感。就這種多樣化、多元性的意味來看，我們可以用Complex來表現。

以上是用來表現良好口感的形容方式，接著來看看相反的部分。

比方說代表「薄弱」「平坦」的Thin，當質感極不紮實，給人薄弱的感覺時使用。

再來則是代表「平板」「平淡」的Flat，就如同它字面上的意思一般，在質感平淡沒有起伏的時候使用。

此外當然還有更多其他分析質感的形容方式僅就上述舉出的範例就可了解其多彩多姿的表現方式。

口感的總結

讓我們再次複習口感的重點。

口感指的是液體的質感在舌頭表面跟口頰內側所造成的感受。良好的口感不會出現刺激、粗糙的感覺，也不會留下太過刺激或強烈的印象。

義式濃縮咖啡與沖濾式咖啡最大的不同，同時在評估味道的項目之中，有口感這個重要的項目存在。因此好好掌握品嚐、評估口感的技巧，就能以客觀的角度辨認自己萃取出來的濃縮咖啡之好壞，並確認該豆子具有什麼樣的潛力。

就如先前所提到的，掌握這項技巧的重點，在於盡可能去接觸各種不同的義式濃縮咖啡，增加自己品嚐的機會。努力參加研習活動、光顧各種店家可以增加自己的經驗，擴展視野，同時也可提升品嚐方面的深度。重點在於不可用自己的直覺來下評價，而是採取客觀的角度進行評估為要。

外觀潤麗的義式濃縮咖啡，大多也會擁有良好口感。但光憑這點無法確認原材料與烘焙狀況的好壞，更重要的是無法確認萃取作業是否完善。唯有實際進行品嚐，才是確認與評估這些項目的最佳手段。

Chapter 4

Brewing Espresso

義式濃縮咖啡的萃取技術

本章將解說萃取濃縮咖啡時必要的，
從裝填粉到萃取其一連串的技術與其重點。

義式濃縮咖啡
的萃取技術與掌控

本書一開頭首先讓大家確立何謂「Barista之新形象」的概念，隨後讓各位理解有關咖啡之風味及品質。

把握這些概念之後再學習萃取的技術，比較容易判斷自己當下的所作所為，是否符合「新標準的Barista之形象」與「品質上的水準」。

常可看到剛學習萃取技術的新人，面對「這樣做是否正確？」的煩惱。為了讓大家避開這點，所以特別依上述順序介紹。

那麼，萃取濃縮咖啡的技術之中，最重要的是什麼呢？ 簡單地說，說是「控制」（Control）。對於豆子的狀態、配方、烘焙、熟成（養豆）期間是否有所理解？ 對於裝填粉、填壓、磨豆粗細調整以及粉量是否控制得完善？咖啡機的機器操控是否盡善盡美？萃取的壓力跟溫度是否設定恰當？萃取出來的咖啡是否迅速倒入牛奶，盡快提供給客人，總之到最後一刻都是否控制好品質呢？ 以上是萃取技術之中必須好好控制的項目。

請參考41頁的圖表。這是義式濃縮咖啡的一連串流程。在這之中「萃取跟控制」，正是Barista一展所長，將原材料的滋味充分發揮萃取出來的重點。將「萃取跟控制」更進一步細分，可整理成如下三個步驟：

①掌握咖啡豆的前提條件，準備萃取。
②以液體（濃縮咖啡）本身的風味、品質為標準，調整萃取作業。
③一貫保持正確萃取技術。

了解咖啡豆的產地跟莊園。

掌握咖啡豆所擁有的特色。

透過杯測跟其他沖煮方法來確認豆子的特色。

了解各款豆子最合適的烘焙程度。

掌握烘焙之後的熟成（養豆）期間。

了解包裝方式跟保管場所。

萃取跟控制

控制、調整各項要點萃取義式濃縮咖啡的精華

品嚐味道。

根據品嚐結果調整烘焙程度與熟成時間

①掌握咖啡豆的前提條件，準備萃取。
②以濃縮咖啡的風味跟品質為標準調整萃取作業。
③一貫保持正確萃取技術。

① 掌握咖啡豆的前提條件，準備萃取

所謂「前提條件」是指「豆子來自哪個產地、哪座莊園」「咖啡豆擁有什麼特色」「烘焙程度如何」「烘焙之後的熟成日數」等第2章所說明的各項條件。

要是沒有掌握好這些前提條件，無法判斷萃取出來的液體（濃縮咖啡）是自己技術的成果，還是其他要素的影響，無法抓準改善或修正要點。

因此準備萃取之前，請務必掌握好「前提條件」再來進行。

② 以濃縮咖啡的風味跟品質為標準調整萃取作業

在義式濃縮咖啡的指南書中，可以看到咖啡粉幾公克、萃取時間幾秒的指示。這當然是值得讓人參考的數字，但卻不是絕對必須遵守的數據。

對Barista來說，須以「品味」做為絕對指標。

萃取出來的液體（濃縮咖啡）的品質，才是最重要的標準。請將數字性的指標當作一種參考，並將味道奉為萃取時的標準。第3章「品嚐義式濃縮咖啡」之中所介紹的方法，有益於各位判斷「品味」的好壞。

③ 一貫保持正確萃取技術

堅持一貫性指的是「以不變的方法與方針和態度來持續下去」。也就是說Barista必須以味道作為標準，保持以一定的粉量、同等的技術來進行萃取。

就算調整出理想的公克數跟磨豆粗細度，若無法迅速地重複萃取，則無法提供客人味美質優的義式濃縮咖啡。

萃取理想的濃縮→一一正確反覆同樣動作，這可說是Barista最初步的技能。

義式濃縮咖啡的萃取技術(1)
～從裝填粉到萃取的調整作業～

在此詳細說明義式濃縮咖啡萃取動作的各種技術。

不論是在咖啡大師競賽，還是在店內提供客人咖啡，並非使用高品質的豆子就能萃出美味的濃縮咖啡、取得好的評價。Barista要用最佳的萃取方式，將該咖啡豆所擁有的潛能發揮到淋漓盡致。如果是在店內，必須迅速精準地反覆進行作業。要是無法確切實踐，就算使用高品質的原材料，也無法充分發揮其本身的價值。

那麼，在萃取義式濃縮咖啡時，應該注意那些細節，在哪些部分下功夫呢？ 以下將確認技術方面的課題。

①裝填粉
②調整磨豆粗細度
③整粉
④填壓
⑤嵌入咖啡機與萃取
⑥確認萃取狀態
⑦調整萃取作業

①裝填粉

裝填粉（Dosing）是將磨好的咖啡粉裝到濾器的動作。在網路跟書籍之中可能會有「單份（Single）1杯7公克、雙份（Double）14公克」這個指標，這是按以前傳統基準定出的粉量，請各位不要去記。現在雙份最低的標準為18公克，實際上須多達20～22公克。義式濃縮咖啡須透過高壓，將味道、香氣、質感萃取出來。要是濾器中的咖啡粉不夠，會形成太多縫隙，豆子得不到充分的壓力，無法將先前所提到的各種特色萃取出來。

必須透過充分的壓力才能精確地濃縮咖啡豆內的精華，萃取出黏稠度高的義式濃縮咖啡。因此要填裝一定份量以上的咖啡粉到濾器之內，才能充分活用咖啡機所產生的高壓。

那就在此分別說明裝填粉時必須注意的三個重點。

①刻意充裝預定的粉量。

②外表整齊、狀態均勻。

③不要濺出咖啡粉、以免浪費。

裝填粉時外表必須均一，或形成整齊的山坡形。咖啡粉散佈不均，會對萃取造成不良影響。裝填粉時注意不要讓咖啡粉溢出。若每次丟掉多餘的咖啡粉，累積下來浪費驚人。確實掌握裝填粉的技術，是萃取濃縮咖啡的第一步。

裝填粉前須將濾器擦拭乾淨，請完全去除殘留的水分跟咖啡粉。萬一有殘留水分，裝粉到濾器時會跟咖啡粉接觸滲透，造成尚未將濾器嵌入咖啡機前就擅自開始萃取。

如上方照片所顯示，咖啡粉必須整齊散佈均等，或將粉裝到濾器中央，形成整齊的山坡形。要是沒有注意到這點，咖啡粉裝填不均勻，熱水會先流到密度較低的部位，使其部位「過度萃取」，而粉末密度較高的部位因熱水流不過去，成為「萃取不足」的狀態。

刻意充裝預定的粉量

裝填粉時首先要思考「想裝幾公克到濾器內」。為了順利裝入預定中的粉量，先用秤子量過也是重要的動作。裝填粉後過秤，秤過之後裝填粉，反覆進行這個步驟，達成正確維持誤差在「±０.５公克」之範圍內。

外表整齊、狀態均勻

裝填粉時重要的是「將預定的粉量，整齊且毫不浪費的裝到濾器中」。均衡地裝到濾器之中，可讓粉末均勻散佈，因此得以萃取得很均衡。

不要濺出咖啡粉、以免浪費

丟棄咖啡粉含有各種意味，例如研磨過多累積在磨豆機粉槽內、裝填粉時濺到周圍、整粉時將多餘的部分刮掉、填壓時溢出來等等，這些沒用到的咖啡粉，都算在其中。一次萃取所拋棄的咖啡粉量並不算多，但是一天、一個禮拜、一個月累積下來的話其粉量則數量真是驚人。當然是一種浪費。對店裡會影響到銷售成本率。最好連一粒都不要浪費。但也不可以一味注意這點而疏忽裝填粉的作業內容。剛開始學習時，超出預定份量2～3公克也是無可厚非，但在熟練後，則必須盡可能避免。

有些人會覺得，多出來的咖啡粉只要倒回粉槽內下次使用即可。但這種方法並不值得推薦。義式濃縮咖啡所使用的研磨粗細度，跟其他沖泡方式相比要來得細膩多，咖啡粉顆粒較細，磨豆的瞬間就有許多揮發性的成分流失。即良好的香氣跟味道會很快消失，因此磨過後不馬上使用並不是件好事。

要萃出美味的義式濃縮咖啡，首先要有穩定的裝填粉技術。好好掌握這項技術，可精準地控制公克數，調整出最恰當的粉量。

測量咖啡粉

一連串的萃取技術之中，必須掌握的重點是「以定量來理解」。也就是說，Barista必須掌握數字來確認每項作業精準完成。裝填粉時使用多少咖啡粉，可說是其中的代表。練習如何讓裝填粉的公克數穩定下來，或第一次用的咖啡豆時，測量粉量是非常重要的。此時我們可以將把手中的濾器取出，並將中央的彈簧拆下，練習起來較有效率。彈簧用於連接把手跟濾器，拆下彈簧之後把手可簡單地裝卸，便於裝填粉時測量咖啡粉的公克數。

此外機械的沖煮壓力、咖啡液體的份量、萃取時間等等，都是可以數據簡單掌握好的重點。

裝填粉時，光是要將咖啡粉放到秤上就是一件麻煩的作業。建議大家可以將連接把手跟濾器的彈簧拆下，讓濾器容易裝卸，放到秤上測量。透過測量來了解裝填粉的精準度是非常重要的程序，在使用新機器或新豆子時一定要細心測量粉量。

② 調磨豆粗細度

粗細度（Mesh）指的是包括濃縮咖啡咖啡粉顆粒的大小。

義式濃縮咖啡的粗細度與粉量（裝填粉）一樣，影響味道跟萃取狀態的重要因素之一。

在調整粗細度時，轉向標示「Fine」的一方則磨得較細，而標示「Grossa」或「Coarse」的一方會較粗。

粗細度越細，就表示越接近粉末的狀態，咖啡的表面積加大，顆粒的數量增加，萃取起來比較花費時間。反過來如果調得較粗，則顆粒的數量跟表面面積減少，就算公克數一樣萃取起來的時間也會較短。因此若想「用較長的時間慢慢萃取」，必須磨得較細，若想要「縮短萃取時間、快速萃取的話」則必須調粗咖啡粉才行。

調整粗細度時有兩個重點，分別是「使用一定的份量」跟「自己進行假設」。想要調整到怎樣的狀態、必須如何設定磨豆機、結果造成何種影響，在進行作業時，務必時時記住這幾點。如此每次調整的結果才能累積成Barista的經驗，了解各種場合如何進行設定。

假設說：「因萃取時間（流速）較快，想要拉長2～3秒。」試將磨豆機往Fine多轉一格，把咖啡粉磨更細一點。」。隨後必須觀察結果，確認萃取是否正如預測，還是比想像中更慢。

調整粗細度時，雖然只有調粗或調細兩種選項，但背後卻包含許多要點。根據萃取狀態跟味道來決定調粗還是調細。調動刻度時必須注意，磨豆機的機種與刀盤類型之不同，因此必須掌握使用機種的傾向和感覺。

③ 整粉

整粉（Leveling）是在裝填粉後用手指或手掌將咖啡粉整平的動作。

萃取時，濾器之中的咖啡粉會暴露在高壓之下。若咖啡粉的分佈狀況與密度不均勻，機器釋放出來的熱水會集中在密度較低的部分，致使無法均勻地從粉餅中萃取精華。整粉作業的目的在於將咖啡粉整平均勻，去除分配不均的部位。

最近可看到不整粉，直接用填壓來讓粉末分佈均勻的技術。雖然可以縮短作業時間，但要求較高難度的填壓技術，因此我認為剛開始的時候還是好好地做好整粉動作才是。

在此舉例介紹整粉方式。

裝填粉時不論使用性能再好的機器，都很難讓咖啡粉均勻的散佈到濾器裡。因此必須進行整粉這道程序，將咖啡粉抹平。

照片之中所介紹的方法，是用食指根部到食指與拇指之間的範圍，順著濾器畫圓轉動，來將整個咖啡粉抹平。最後用食指在表面直直的畫過，形成水平的表面。

更初步的整粉方式，是把食指當作棒子般使用，按照右→左、左→右、裡→外、外→裡的撥法。雖然只是很單純的用手指頭，但前後左右注重全方位的話，還是可以把整個表面均勻地整平。

整粉並沒有什麼標準方式存在，可以秉持「盡可能在短時間內將濾器內部均勻整平」的原則，可試著研究各種不同的方法。

整粉的示範

→

最後用食指水平推過，將表面的咖啡粉抹平。

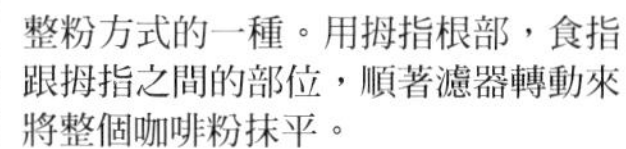

整粉方式的一種。用拇指根部，食指跟拇指之間的部位，順著濾器轉動來將整個咖啡粉抹平。

④ 填壓

填壓（Tamping）作業使用填壓器（Tamper）用力將濾器內部混在咖啡粉內的空氣壓出，讓咖啡粉緊密且紮實。

填壓時的重點在於維持水平，也就是使用一定的程度以上的力道，均衡地把全體填壓結實。

義式濃縮咖啡所使用的咖啡粉非常細膩，並且咖啡機具有9 bar的高壓。要是沒有正確填壓，會產生填壓力道較強與較弱的部位，或是因為壓下的力道不均而產生高低差，影響到熱水的走向，無法均衡的進行萃取。

另外，若填壓的力道太弱，則無法紮實地將細微的粉末打壓成圓柱狀。要是在此狀態下施加壓力，會讓飛揚的粉末碰到機器而烤焦，或是在濾器內部造成亂流來妨礙萃取作業。

因此填壓的重點在於「水平進行、用一定以上的力道將咖啡粉壓得緊密結實」。

有些磨豆機附贈的填壓器，裝在磨豆機上。但是就位置跟角度來看，根本無法用均一的力道來紮緊咖啡粉。若是想理想地萃出高品質的咖啡，請務必使用獨立的填壓器來進行作業。

在此舉出具體的注意事項，首先是填壓器的握法。握住手柄時必須是加壓時可以維持水平的方式。讓濾器跟填壓器水平地合在一起，往下加壓。重點在於跟濾器保持水平，並且用力的壓下。據說這個力道換算成重量的話大約是15～20公斤，但並沒有科學性的佐證。不過實際用體重計測量發現許多Barista都差不多用這個力道來填壓，為了確實壓緊所須的力道也差不多如此。關於填壓器的種類，我們將在52頁進行介紹。

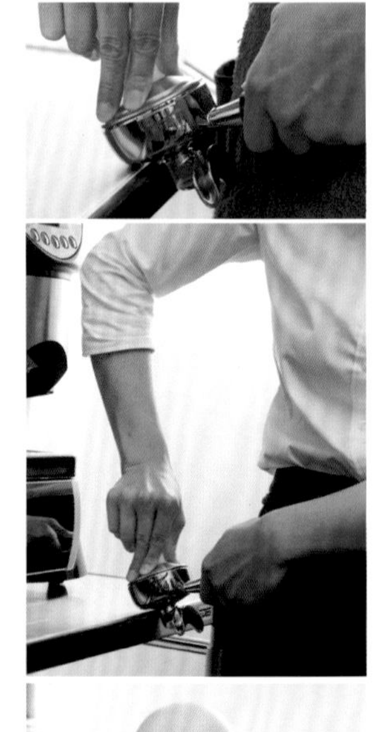

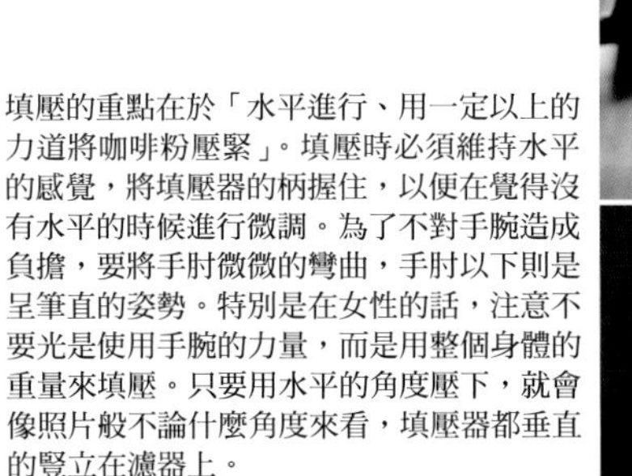

填壓的重點在於「水平進行、用一定以上的力道將咖啡粉壓緊」。填壓時必須維持水平的感覺，將填壓器的柄握住，以便在覺得沒有水平的時候進行微調。為了不對手腕造成負擔，要將手肘微微的彎曲，手肘以下則是呈筆直的姿勢。特別是在女性的話，注意不要光是使用手腕的力量，而是用整個身體的重量來填壓。只要用水平的角度壓下，就會像照片般不論什麼角度來看，填壓器都垂直的豎立在濾器上。

⑤ 嵌入機器與萃取

填壓之後，必須迅速將附著在濾器周圍的咖啡粉撥掉。要是沒有撥乾淨的話，沖泡頭內負責密封用的墊圈與濾器之間會夾到咖啡粉，使萃取用的高壓外洩。

隨後開始萃取，不過在將濾器嵌入之前，請務必先放水2～3秒。透過這個稱為放水（Flush）的程序，可將附著在熱水孔與周圍的咖啡粉沖掉。同時也能將沒有管控好的熱水排出，便於使用由機器調好溫度的熱水。

將濾器嵌到機器之後，必須立即進行萃取。一但將濾器嵌入，不論是要將杯子放到沖煮台，還是要準備其他事情，都要先按沖煮鍵。

濾器內部的咖啡豆已經磨成細微的粉狀，跟豆子的狀態相比，咖啡粉非常容易受到溫度跟水分的影響。濾器本身有某種程度的熱度，機器本身的溫度則更高，並且帶有濕氣。一但嵌入必須馬上進行萃取，以免咖啡粉劣化。這個動作不但會影響到咖啡的品質，也會影響到整體的作業速度，無論如何都請迅速按下沖煮鍵。

填壓之後迅速將濾器周圍的咖啡粉撥掉，並且進行放水（Flush）來沖掉一些熱水。讓熱水流2～3秒之後將濾器嵌入，馬上按下沖煮鍵。之後才將杯子放上去。

⑥ 確認萃取狀態

開始萃取義式濃縮咖啡之後，即可一定程度地確認萃取狀態是好或壞。

濃縮咖啡並非按下沖煮鍵之後馬上就會流出，須要花幾秒之後（隨著機種不同）深褐色的液體才會慢慢流到正下方（照片1）。之後顏色漸漸變淡，流出的速度則漸漸加快，大約在20～30秒之後達到1盎司的份量（約30cc，因此會使用標有1盎司刻度的盎司杯）。

要是像照片2這樣如果一開始就快速流出顏色較淡的液體，或是10秒之後也流不出液體，則有必要進行調整。

如同介紹品嚐時所提到的，判斷義式濃縮咖啡的好壞時，必須以味道為主。不過觀察外表，也能得知某種程度的資訊。流出的速度、角度、色澤、達到1盎司的時間等等，這些都是可以透過視覺來確認的資訊，如果這些要素出現明顯的異常，那麼在絕大部分的場合，萃取出來的濃縮咖啡將不是正常的咖啡豆應有的品質。

按下沖煮鍵後，多久才有咖啡流出、液體的狀態如何、呈現什麼樣的色澤、多久之後轉變成淡白色的液體，這些都是確認萃取狀態時必須確認的重要項目。萬一狀況跟一般相差太遠，則必須調整粗細度跟粉量。萃取狀態也是用來判斷是否須要調整的指標之一。

⑦ 調整萃取作業

萃好義式濃縮咖啡之後確認其濃縮的狀態，必須反覆萃取調整到最佳的狀態。調整時的重點在於「磨豆粗細度」跟「咖啡粉的粉量」，其中粗細度為重要因素，具體內容請參閱46頁調整粗細度的項目。

關於粉量，增加粉量就相對液體中的粉量跟著上升，咖啡的濃度增加，味道也會變得比較濃。粉量增加也代表熱水通過的速度較慢，萃取速度變慢，味道也更加的濃厚。

如果減少粉量，則會出現相反的傾向。

萃取狀況有所改善就可開始試喝。然後再看味道的萃取狀態，來調整粗細度跟粉量。填壓的力道雖然也跟萃取狀態有關，但是與粗細度和粉量相比，影響層面較低。

此外，分水網（77頁）跟濾器內部的污垢、機器本身溫度與壓力的異常等等，也都有可能造成萃取作業上的障礙。避免這些問題的方法在於機器本身的保養與維修，因此平時就應該安排時間定期保固維修。特別是分水網與濾器，要記得常常清洗。

萃取狀況有所改善之後即可進行試喝。根據味道來調整粗細度和粉量。該如何進行調整，其判斷標準應以味道為準。

義式濃縮咖啡的萃取技術（2）
～防止咖啡粉餅產生通道～

何謂通道

我從以前就非常在意咖啡粉餅內部所形成的通道（Channel）。所謂的通道，指的是萃取義式濃縮咖啡之後，出現在咖啡粉餅上面的洞穴。形成通道的部位大多是在濾器邊緣，被認為是一種不好的現象。因為一但出現通道，意味著對濾器加壓使熱水通過時，熱水從濾器跟咖啡粉接觸的邊緣部位流過。如此一來這些熱水還沒充分萃取就穿過咖啡粉，是影響濃縮咖啡變淡、降低咖啡品質的因素。

萃取時必須讓熱水均勻通過整個濾器，讓所有咖啡粉均一地萃取。但為防止這點卻屢次整粉則相當浪費時間。反之為了避免濃縮咖啡太淡而裝上滿滿的咖啡粉，我認為這是本末倒置、稱不上是講究咖啡品質的做法。

防止通道效應的填壓器：「M CURVE TAMPER」

那麼，要怎樣才能有效防止通道效應呢？在尋找這個答案時，我把重點放在填壓器上。填壓器基本上分成填壓完的粉餅表面呈水平的平面形，以及粉餅表面略呈下凹的弧面形之兩種。現有的這兩種填壓器很難防止通道的出現，我認為必須將發生部分用咖啡粉確實紮好護欄才行。

平面填壓器的好處，在於跟咖啡粉的接觸面為水平，填壓時Barista容易掌握水平的角度。相較之下弧面填壓器雖然比較不容易掌握水平的手感，但因為接觸面呈弧形，填壓時就算多少有不均勻的部位出現，熱水也會流往中央。平面填壓器的加壓面因為完全扁平，只要角度稍微有一點歪曲，熱水即集中流向這個部位，無法萃取均勻。

所謂的「M CURVE TAMPER」是經由獨家設計一邊維持平面形與弧面形的優勢，且可防止通道效應。這款由本人所設計的填壓器，由3種填壓面造型組合而成。首先，平扁的水平面的外側是具有弧度的填壓面，這可算採用兩種傳統形的組合。

新發明的這款填壓器最重要的是，擁有獨家設計的「護欄」（Gua

rd)。在進行填壓時，這個護欄的部位會在濾器內部的邊緣讓咖啡粉形成一道堤防，以免通道產生。

使用「M CURVE TAMPER」之後，通道問題不再像以往一般那麼的讓人在意。填壓的效率也變得更好，為咖啡品質的穩定性有所貢獻。

在2010年度WBC倫敦大賽之中，不只是日本代表的中原見英咖啡師，另外還有四個國家的冠軍所使用「M CURVE TAMPER」。而且在日本國內的JBC之中，也有多位Barista使用這個產品。

我們無法斷定，咖啡品質的降低是否和「通道」的存在有絕對的影響。還有其他許多問題和因素，通道效應只能算是其中一項。但是或許將這小小不安去除，可以盡量提高濃縮咖啡的品質。「M CURVE TAMPER」就是將賭注壓在這個可能性上，努力開發出來的一項成果。

我個人認為身為一位Barista，在日常的生活之中，就有追求各種潛能的機會。試著去發現隱藏在各層面的問題，探尋挖掘出新方向，這不也是Barista這份工作的樂趣之一嗎。

「M CURVE TAMPER」，與咖啡粉接觸的面都擁有同樣的構造，改變其他部位的材質與手把造型，以便各種喜好的Barista使用。可在丸山珈琲的店鋪或網站購買。

「M CURVE TAMPER」壓面的構造，從中央往外分別是平面、弧面、護欄。邊緣的護欄會讓咖啡粉形成一道堤防，是避免通道出現的關鍵。

在2009年所舉辦的Barista Camp之中的比較實驗。左邊使用平面填壓器，右邊使用「M CURVE TAMPER」。「M CURVE TAMPER」一方咖啡粉餅的顏色較為均一，看得出萃取狀況良好。平面形的一方則出現顏色不均勻，甚至可以確認到未萃取的乾燥咖啡粉。

Chapter 5

Cappuccino

卡布奇諾

卡布奇諾是將牛奶注入義式濃縮咖啡的飲品。
本章將詳細解說調製卡布奇諾時的重點。

本章請有十年以上的Barista經驗，本公司『丸山珈琲』的櫛濱健治咖啡師協助，來進行說明。

一般來說，義式濃縮咖啡給人的印象是「厚重、量少、味道濃郁的飲品」，其在日本並不是十分普及。

最能展現義式濃縮咖啡所擁有的豐醇口味，可說是卡布奇諾。原因在於加上牛奶所泡製的這份飲品，將濃縮咖啡的味道轉成一般大眾也能接受的風味。對消費者來說，卡布奇諾可說是令人最熟悉、普及程度最高的濃縮咖啡飲品。

提供美味的卡布奇諾，含有以下四個重點：

①萃取高品質的義式濃縮咖啡。

②蒸打奶泡，別增咖啡的美味與特色。

③經由倒入牛奶義式濃縮咖啡的程序，調製咖啡風味絕佳的卡布奇諾。

④有效率的進行所有的作業，提醒自己在短時間內完成。

① 萃取高品質的義式濃縮咖啡

卡布奇諾的味道取決於義式濃縮咖啡

要調製出好喝的卡布奇諾，高品質的義式濃縮咖啡是不可或缺的。「高品質」這個形容包含有各種概念，Barista所調製出來的義式濃縮咖啡應有的品質，我們在第3章的「品嚐義式濃縮咖啡」之中已詳細說明。基本上是指品質絕佳的「品味」。

製作卡布奇諾時，首先必須掌握的重點是「卡布奇諾的味道取決於義式濃縮咖啡」。濃縮咖啡是卡布奇諾的核心，原則上不會為了配合卡布奇諾，而調整義式濃縮咖啡。意即，不會為了調整卡布奇諾的色澤來加深濃縮咖啡的濃度，或增加咖啡粉量來使卡布奇諾呈現較強的咖啡風味。更不會為了強調外觀美麗引人，顏色對比明顯的拉花改變濃縮咖啡的味道。如果為了提高藝術性而去加強義式濃縮咖啡的風味，那麼不管咖啡豆的品質再好，餘韻會留下苦澀味，破壞整體的均衡。更進一步的，這種作法會使該飲品變得又濃又膩，最糟糕的話，可能會膩到讓人無法喝完。

「不論是為提供客人，還是在咖啡師大賽之中調製，都不曾以卡布奇諾為標準改變義式濃縮咖啡。最重要的是，能否萃出咖啡豆本來的味道之義式濃縮咖啡。如果無法做到這點，不管奶泡調製得再好，也不會成美味的卡布奇諾。義式濃縮咖啡是卡布奇諾的關鍵與核心，總而言之原材料本身的咖啡豆最為重要」，以上是櫛濱咖啡師對於卡布奇諾的獨道說法。

卡布奇諾的美味，並非咖啡＋牛奶的甜味，而是由於牛奶的存在格外感到咖啡本身的甘醇口味，因此高品質的義式濃縮咖啡，是絕對的要素。

如何實際評估卡布奇諾

那麼，假設我們成功萃取了義式濃縮咖啡，其他有何應注意的事項？ 答案是確認「泡製卡布奇諾之後，是否還能感受到咖啡豆的特色與咖啡本來的風味」。

卡布奇諾是沖加牛奶的飲品，因此常常看到Barista為了不讓咖啡的風味被牛奶蓋過，而增加咖啡粉量來沖製風味較強的濃縮咖啡。但卡布奇諾的重點並不在於強勁十足的咖啡風味，而是讓人享受咖啡本身的風味與特色，更重要的是讓人感受到「咖啡本身的甘醇」。在評估是否達到這水準之前，首先得將磨豆粗細度調整到足以進行品嚐的水準。再來則是將盎司杯或咖啡杯放到機器的台座上，如是雙導把手，一邊放盎司杯或濃縮咖啡杯，另一邊放卡布奇諾的杯子。這樣可以同時品嚐卡布奇諾與義式濃縮咖啡，比較雙方的味道與狀態。

品嚐後若感到猶豫不決時，建議大家試試調整咖啡的濃度或強弱來調出不同風味的卡布奇諾。但是要千萬注意，不可過分著重外觀跟色澤的濃度來調整濃縮咖啡的萃取作業。這是沖泡卡布奇諾的第一個重點。

用優質的豆子萃取出風味絕佳的濃縮咖啡，跟牛奶融合一起使之別增原材料本身的甘醇。希望各位明白不是為調配卡布奇諾而萃取濃縮咖啡，而是以優質的濃縮咖啡為主軸來泡製卡布奇諾。

同時使用盎司杯跟卡布奇諾的杯子來萃取，可以同時品嚐義式濃縮咖啡本身的味道，跟調成卡布奇諾之後所呈現的風味。

② 打出別增咖啡風味與特色的奶泡

萃取出恰到好處的義式濃縮咖啡之後，接下來則是用蒸氣打出奶泡。

奶泡的作業被稱為Steaming，透過蒸氣將牛奶加熱，形成Milk Foam（奶泡）這種泡沫狀的液體。

高品質的咖啡與牛奶加在一起之後，可格外地顯出「咖啡本身的甘醇」。所以卡布奇諾並非透過牛奶而變甜，而是借助牛奶的存在，能享用「富有咖啡之甘甜」的飲品。以下四個項目，是展現這份甘甜跟別增風味的重點。

- 牛奶的溫度
- 奶泡質感的綿密度
- 奶泡的量
- 牛奶的質感

牛奶的溫度

牛奶的溫度以「適宜享用的溫度」，同時也是適於當熱飲來享用的溫度為宜。

要是卡布奇諾的牛奶太熱，飲用時會出現「奶泡」與「咖啡之液體」分離的感覺。造成奶泡先喝進口中，之後突然又喝到咖啡之液體的感覺。

液體在轉換成蒸氣的同時，溫度也會跟著上升，但是奶泡（Foam）屬於泡沫＝氣泡的集合體，奶泡本身身為空氣部分的溫度並不會過高。因此在剛開始享用的時候，進入口中的奶泡不會太熱，等奶泡下方的咖啡喝進口中之後，才突然覺得燙口。這就是讓人覺得奶泡與咖啡分開的理由。

而且溫度過高還存在另外一個問題，即突顯出咖啡的苦味。溫度過高造成比較難感受到咖啡細膩的甜美跟口感，取而代之的是咖啡成分之中最容易感到的苦味。

當然，過高的溫度也有可能燙傷舌頭。

卡布奇諾在剛泡好的時候最美味可口，建議大家盡可能馬上享用。

這是因為奶泡擁有非常纖細的性質，會隨著時間經過與咖啡液體分離，讓人享受不到那獨特的柔滑質感。基於如上理由，我們並不希望飲品溫度過高，讓客人得花時間去等。

卡布奇諾的「最佳賞味時機」是客人馬上就能享用的溫度。而這個溫度同時也能讓人享受咖啡跟奶泡的混然一體，以及咖啡豆本身富有的細膩與甘甜。確認溫度時並不使用溫度計，而是用聽覺等身體的感官來確認。打奶泡時透過手掌來感覺杯中奶泡的溫度，並傾聽蒸氣打進牛奶時的聲音。溫度越高，其聲音也越是尖銳。

手掌中感受到的溫度、打奶泡中的聲音和時間的長短，以此調製出來的卡布奇諾的味道如何？進行訓練時，須一次又一次的反覆確認。重複這項作業，來探索出最理想的奶泡溫度。

打奶泡時透過手掌測量溫度。注意傾聽聲音也能預測其溫度變化。

奶泡質感的綿密度

泡沫細潤綿密的奶泡，是使卡布奇諾呈現柔滑美妙之質感的要素，對於拉花來說，光澤潤麗的奶泡也是一大絕對要素。

請看下方照片。照片1是完成度較高的奶泡範例。在照明之下發出光澤，氣泡本身的質感則是細膩到肉眼無法確認的程度。反過來看右邊完成度較低的照片，表面粗糙到無法反射光線，泡沫大到可由肉眼辨認。

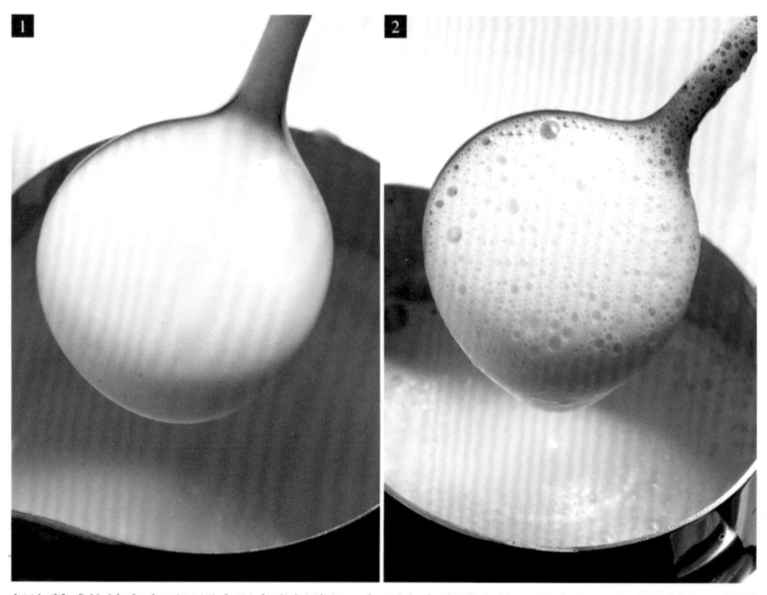

奶泡質感的綿密度可以用肉眼來進行確認。加到卡布奇諾之後，則會染上咖啡的顏色，使泡沫質感更加明顯。越是細膩口感也就越好，卡布奇諾的外觀也越是美麗。

那麼，要怎樣才能打出高品質的奶泡呢？ 重點在於「將空氣慢慢混入牛奶之中」與「讓噴口射出的蒸氣完全派上用場」。

請看右頁的照片。照片1是將空氣慢慢混入牛奶之中的樣子。幾乎不會產生波浪，液體的表面綿密光滑，另外照片2，一開始就混入大量的空氣，剩下的時間，其實只是在消除一開始所產生的大氣泡而已。就算是後者，也能某種程度打出外觀光滑的奶泡。但就算一看好像不錯，兩者之間卻絕然不同。

照片2的牛奶氣泡凹凸不平，混入的蒸氣在牛奶表面彈成氣泡因而洩失。也就是說從噴口射出的蒸氣並沒有充分利用。因蒸氣的熱度跟空氣外洩，致使作業時間無謂的增加。

噴口噴出的蒸氣就是水分，因此作業時間越長，牛奶所混入的水分也就越多。身為Barista提供給客人的商品，必須盡可能爭取時間，而且水分過多也會有損咖啡本身的品質。

相較之下，照片 1 這種慢慢將空氣混入的方法，可充分利用噴嘴所釋放出來的熱度跟空氣。表面沒出現氣泡就是最好的証明。混入的空氣可得到充分利用，因此時間短縮，牛奶也不會因而變淡。

「不要一下子將大量蒸氣混入牛奶，慢慢進行作業，絕不可打出凹凸不平的氣泡，須避免洩露熱氣，有效率地在短時間之內完成」

希望各位記住上述訣竅，蒸打奶泡時請一邊確認奶泡的狀態一邊練習。

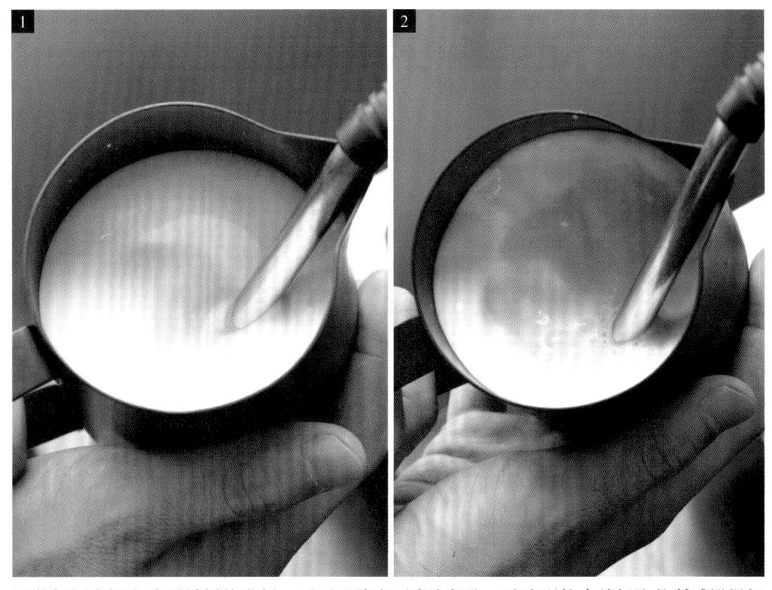

用蒸氣打出奶泡時要穩靜的進行，不可以讓表面產生氣泡。速度過快會讓奶泡的質感變得粗糙，熱氣也會隨著消失的氣泡外流，徒增作業時間。重點在於「簡潔有效率」的完成作業。

奶泡的量

卡布奇諾所使用的奶泡，份量得恰到好處。份量足夠綿密光滑的奶泡，讓人在享用的時候感受到柔軟的質感。如果奶泡太薄不夠綿密的話，注入之後馬上會跟咖啡的液體分離，在口中形成分開來的口感。這樣則無法享受到卡布奇諾最大的特色「奶泡跟咖啡混然一體」的感覺。

卡布奇諾的成分，可以分成奶泡（Milk Foam）、液狀的牛奶、義式濃縮咖啡等三大要素。奶泡的量少，表示液狀的牛奶較多，也就是義式濃縮咖啡跟牛奶的比率會增加。大量的牛奶混入會讓濃縮咖啡變淡，難以感受到咖啡本身的風味。

請看下方照片。照片1用湯匙攪拌之後馬上就能看到液體的表面，奶泡厚度極薄只有幾公釐。奶泡的量少意味著液狀的牛奶較多，會沖淡濃縮咖啡的味道，有水水的口感。

相較之下照片2用湯匙攪拌之後也看不到液體，奶泡厚度非常的豐足。

奶泡份量必須多到足以「讓人享受柔滑的質感」，同時也必須是「當濃縮咖啡與牛奶混合時，也能維持適當濃度的份量」。

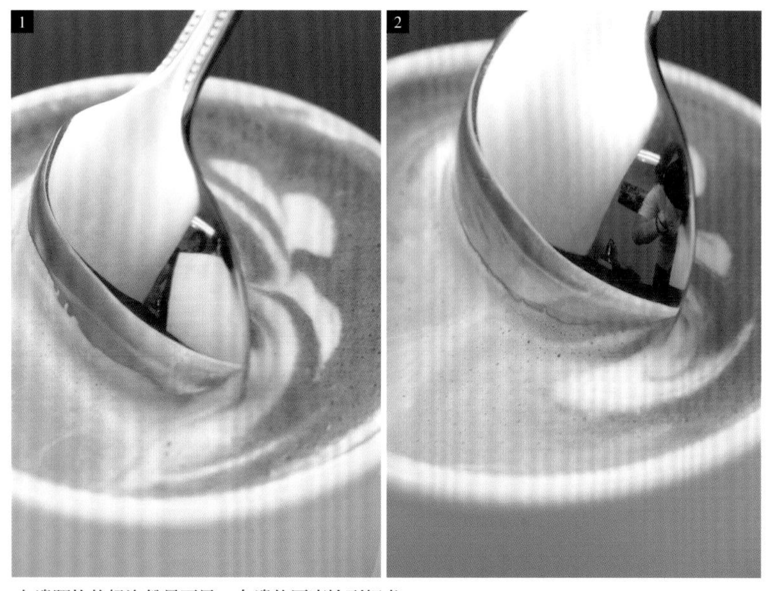

左邊照片的奶泡份量不足，右邊的厚度恰到好處。

牛奶的質感

「質感」（Texture）一詞，具有觸摸起來的感覺、表面給人視覺上、質感上的感覺、外表、肌理等意思。

咖啡與義式濃縮咖啡喝起來的感覺與質感被稱為「口感」（Mouth Feel），而牛奶的觸感跟質感，我們則用「質感」（Texture）來稱呼。

關於牛奶的質感有兩個重點。第一是打出質感綿密光滑的奶泡。質感細緻的奶泡可以讓人享受到柔滑的感覺。第二則是在短時間內有效率的將奶泡完成。就如同60頁「奶泡質感的綿密度」之中詳細說明過，蒸打處理的時間太久，會產生各式各樣的弊病。

櫛濱咖啡師所打出來的奶泡質感光滑潤麗，在咖啡大師競賽之中得到極好的評價。實際驗證後發現櫛濱咖啡師所使用的作業時間，比其他咖啡師要迅速得多。

奶泡質感的關鍵在於「短時間內打出泡沫細膩的奶泡」。

③ 調製咖啡風味最佳的卡布奇諾

倒入牛奶的作業，是影響卡布奇諾味道的重要因素之一。其重點有二。

● 一邊攪拌一邊倒入

● 形成明確的對比

攪拌牛奶跟義式濃縮咖啡使混合為一與讓兩者顏色形成明顯的對比，這乍看之下似乎是相反的兩點，但卻是影響卡布奇諾味道上的關鍵。

一邊攪拌一邊倒入

將牛奶倒入濃縮咖啡時，必須使「牛奶跟義式濃縮咖啡融合均勻」。用精品咖啡來製作義式濃縮咖啡時，絕大多數烘焙之後養豆時間較短，用這種咖啡豆所萃取出來的咖啡的Crema較硬，必須一邊攪拌（即移動牛奶鋼杯的位置）一邊倒入，才能形成外形美觀的卡布奇諾。透過攪拌另外還可以讓「奶泡」「液狀的牛奶」「義式濃縮咖啡」融為一體，味道絕佳。

請看下方的照片。在照片1之中，牛奶跟義式濃縮咖啡明顯地分開，意味著兩者沒有充分融合。造成上方咖啡味道濃厚，下方牛奶的風味較強的現象。照片2的杯內則融合得非常均勻，整體恰到好處的呈現均衡風味。使用透明的杯子，可一目瞭然地看到融合狀態，隨著倒入牛奶之技巧的好壞，卡布奇諾的風味絕然不同。

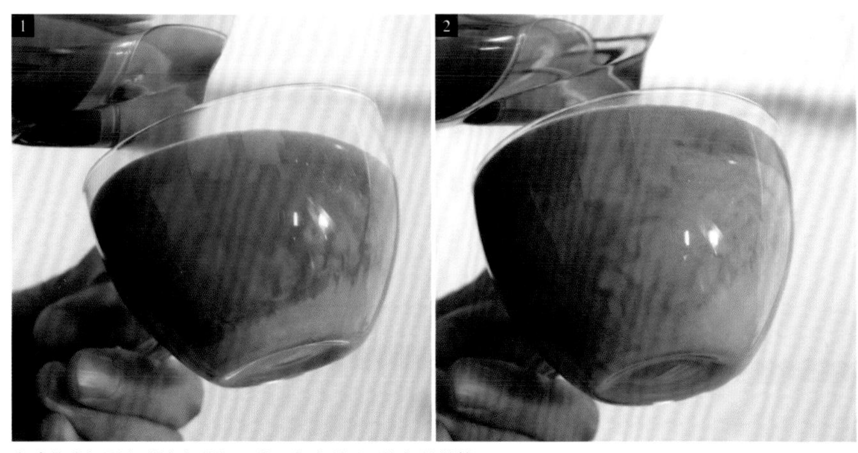

左邊的牛奶跟咖啡沒有融為一體，右邊則呈現均勻的狀態。

形成明確的對比

請看下方照片，用不同方式來倒入牛奶，兩者所形成的顏色對比完全不同。

照片1的咖啡整體帶有牛奶乳白色的感覺，在飲用時也容易感到牛奶的味道較強，成為一般所說的「奶味過重」（Milky）的狀態。

而照片2的咖啡，在倒入牛奶的時候注意保留濃縮咖啡的Crema，讓人可以適度感受到義式濃縮咖啡的風味與豆子的質感。不光如此，顏色對比明顯，外觀上的評價也較高。雖然說外觀精巧的拉花不等於高品質的卡布奇諾，但也是評分標準之一。如能調出照片2這樣賞心悅目的拉花，客人在享用時當然也覺得更加開心。

調製卡布奇諾時，請記住不可過分重視顏色對比跟拉花技術，將牛奶倒在同個地方，或過分著重外觀之精美。

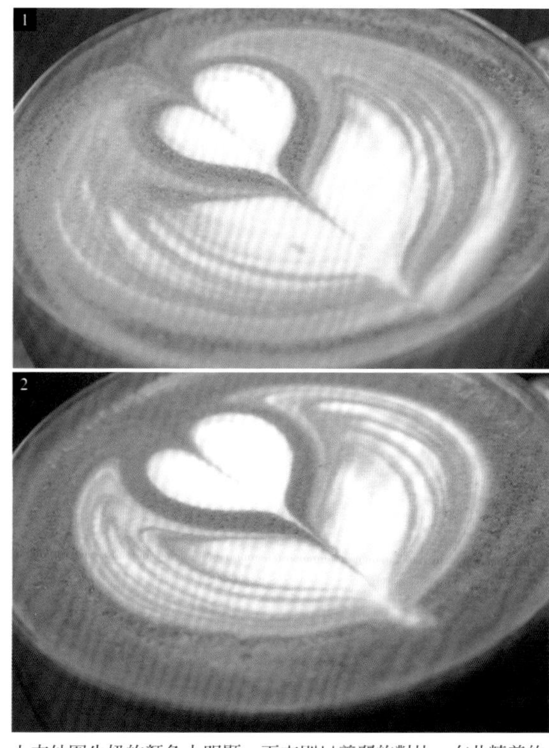

上方外圍牛奶的顏色太明顯，下方則呈美麗的對比。在此精美的對比之下，不論從哪個位置品嚐，都可以享受到咖啡的風味。

④ 進行有效率的一連串作業

對卡布奇諾這款飲品來說，作業的速度與效率，會直接影響成品的品質。

要是等濃縮咖啡萃取完後再來打奶泡，咖啡將會被放置一段時間，使之劣化而嚴重影響到品質。為了避免這點，我們必須在開始萃取濃縮咖啡的同時，就著手蒸打奶泡。有效率的透過蒸氣將空氣跟熱度混入牛奶，就能縮短作業時間，迅速做出質感光滑潤麗的奶泡。

調製卡布奇諾的過程，包含卸下把手、放水、擦拭濾器…倒牛奶到鋼杯內、噴嘴空轉等等。每一個動作，只要稍微加快，即可提高效率。熟練的Barista甚至可以縮短幾十秒，就等於在短時間內能提供高品質的咖啡給客人享用。

相信有不少人是遇到賞心悅目的卡布奇諾，而立志走上Barista之路。衷心祈望這些Barista能使用優質的咖啡豆來調製出質優味美的卡布奇諾，透過此些一般家庭無法展現的品味，來增加咖啡的愛好家。

Chapter 6

Machine

了解機器

磨豆機跟義式咖啡機，是萃取濃縮咖啡不可或缺的機器。
本章將會說明這些機器的基礎知識、選擇時的重點跟保養方法。

磨豆機

本章聽取了左野德夫先生的談話，他是日本義式咖啡機業界擁有領導地位的DCS股份有限公司的代表。由筆者對此內容略加補充修飾。

DCS 股份有限公司的代表．左野德夫先生。他同時是SCAJ Barista委員會的委員長，致力於精品咖啡之濃縮萃取的研究與啟蒙活動。

平面刀盤與錐形刀盤的差別

選擇磨豆機的時候，首先必須考慮的重要因素，是平面刀盤與錐形刀盤等刀盤的形狀。（又簡稱平刀和錐刀）平面刀盤（Flat）是由兩片較薄的刀片疊在一起所構成，經由兩片刀刃高速轉動，用類似「切斷」的方式來將咖啡豆磨成粉狀。另一方面錐形刀盤（Conical）則是以圓錐台座的下方刀盤，疊上具有厚度、形狀如甜甜圈般的上方刀盤來低速轉動，以「粉碎」的方式將咖啡豆磨細。

所謂「用平刀來切斷」與「用錐刀來粉碎」的差異，會反應到其後萃取作業之上。用平刀研磨的話，刀盤高速轉動，一顆顆的豆子工整的被切割，粉末顆粒成細長型。高速轉動的刀盤對咖啡豆的組織破壞程度較小，但顆粒大小和形狀會參差不齊。反過來看錐刀的話，則分成一次性的「粉碎」跟二次性的「研磨」的兩個階段，粉末大小比較均勻，顆粒形狀為多面體。

有關平面刀盤與錐形刀盤更具體的差異，請參考第73頁的比較圖。

那麼，實際進行萃取時，兩種粉末在熱水跟壓力的影響下會產生什麼樣的反應呢？ 仔細觀察熱水浸潤咖啡粉的過程，可以發現兩個特徵即「突出部位較平面更容易浸潤」與「會從組織結構較弱的部位開始浸潤」。以此觀點來看，平刀研磨出來的粉末突出部位較少，平面部位工整細長，結構脆弱的部位較少，整體硬度也較高，因此熱水不容易浸潤進去。相較之下錐刀磨出來的顆粒屬於多面體，突出部位較多，有利於熱水滲入的部位較多。而錐刀在粉碎的工程之中會將咖啡豆的組織結構整個破壞，跟平刀相比結構上比較容易讓熱水浸潤。

所謂「萃取」就是把熱水沖進咖啡粉的內部，讓內部的成分流出於外的萃出作業。就此觀點看來，磨出來的粉末熱水易於浸潤的錐形刀盤磨豆機，對於萃取來說構造上性能較佳。

不過這並不代表錐刀的磨豆機完美無缺。錐刀將咖啡豆磨碎時會將豆子的組織結構破壞，因此在磨碎的剎那，一部分的成分會流失到空氣之中。

也就是說在磨成粉狀的剎那就開始劣化，並不適合用來保存。平刀磨出來的顆粒表面光滑且平面較多，可以使咖啡豆的成分保存較久。

因此，首先必須先了解「刀盤種類不同，影響萃取時的狀態跟濃縮咖啡的味道」。

選擇磨豆機必須注意的要點

選擇磨豆機時必須重視的並不只是刀盤的種類，另一個重點在於「操作性能」，主要可以分成自動式跟手撥式。自動式即，只要按下按鈕，咖啡粉就會掉落到濾器裡。手撥式則會在粉槽內進行磨豆的作業，撥動此處的手把，咖啡粉才會掉落下來。自動式沒有粉槽，作業工程較短，可用到現磨的咖啡粉。

左邊照片為自動式的磨豆機，右邊為手撥式。兩者皆是Mazzer「ROBUR」的熱銷款式自動磨豆機只要按下按紐，磨好的咖啡粉就會掉落在濾器之中，不會產生多餘的粉末、粉末狀態較為新鮮、可以縮短提供咖啡所須的時間。選擇設備時必須考慮到兩者的特性。

磨豆機的基本性能

測量磨豆機刀盤每分鐘的轉速。除了轉速之外，還必須了解達到最高速的時間，以及在高負荷下馬達是否能維持穩定的轉速。

在此簡略說明磨豆機的基本性能。

其實跟刀盤的形狀相比，馬達的馬力是影響磨豆機性能更重要的因素。打開磨豆機開關後，幾秒之後才會達到最高速度？ 此高速的負荷下，是否也能維持運作？ 磨豆機的性能取決於這兩點，可說一點也不為過。

若是一台磨豆機達到最高速的時間太慢，會發生開始轉動時速度較慢、之後漸漸變快，即轉速不穩定的現象。這意味著咖啡粉的品質不容易維持穩定。顆粒大小要是無法維持一定，將影響高品質的萃取作業。

另外，若是研磨的咖啡豆較硬，或是想要磨出較細的顆粒時，超負荷的馬達會使刀盤的轉速變慢，最糟糕時，甚至有可能停止運作。因此高性能的磨豆機必須具備「在短時間內達到最高速，並且順利維持此速度的馬力」這項條件。

選擇及使用磨豆機的重點

在目前為止的章節，我們針對原材料的重要性、辨別味道的方法、萃取技術等各種項目進行了解說。這些項目固然都很重要，但是在調製高品質的濃縮咖啡時，義式咖啡機與磨豆機是絕對不可欠缺的工具。

購買義式咖啡機時一般比較容易選中簡易、廉價的機種。但就算如此，磨豆機的價格大多要十幾萬台幣，義式咖啡機甚至得花上好幾十萬。這並非可以輕易重新換購的價格。

然而磨豆機跟義式咖啡機卻是直接影響咖啡品質的重要機器。因此盡可能去理解它們的性能、好好進行維修跟保養，將有益於調出更高品質的義式濃縮咖啡。

※註：2013年9月1日的外幣匯率是1:0.299(即100日圓可換算成29.9新台幣)

用電子顯微鏡觀察咖啡豆的顆粒。上方是價位幾萬元的商業用平面刀盤磨豆機所磨出的結果。下方是定價30 萬以上的專業型研磨機Mazzer「ZAR」所磨出來的結果。兩者都不是義式濃縮咖啡專用，而是專賣店磨豆用的機種。兩張照片的顯微鏡倍率相同，上方顆粒大小參差不齊，「ZAR」則是顆粒大小非常均衡細緻。

兩者價格相差10 倍以上。請按各自用途思考性能以及價差是否符合自己的需求。

磨豆機刀盤差異之比較圖

	平面刀盤	錐形刀盤
刀盤的形狀與其特性	由兩片薄薄的平面刀盤重疊所構成。	由圓錐台形的下刃與厚度較厚、甜甜圈狀的上刃重疊組合而成。
磨豆方式	以高速有如將豆子切斷磨細的方式。	以低速先將豆子粉碎，再進行第二道作業來磨成粉狀。
轉速	高速：MAZZER「MAJOR」每分鐘轉動1786次 1786.2	低速：MAZZER轉速「ROBUR」每分鐘轉動525次。 525.8
咖啡豆的負荷	高速轉動有可能使咖啡粉溫度過高。	轉速較慢不會使咖啡粉溫度過高。
用電子顯微鏡觀察的顆粒	顆粒維持一定均衡程度，但略有參差不齊。顆粒多呈細長的形狀。	顆粒形狀均一，基本上落差較小。顆粒大多呈現多面體。
顆粒形狀與萃取的差異	表面沒有被破壞 其成分不易流失 熱水浸潤的走向 細長工整的顆粒，突出部位較少，面的部位較多。水分一般容易在突出部位滲透浸潤，因此不容易被萃取。再加上切磨工整，面的部位結構堅固不容易滲透。研磨面整齊成分比較不易流失，適於保存。	熱水浸潤的走向 顆粒有如被壓碎的多面體般，面的部位較少、有許多突出部位。水分容易從突出部位浸潤，因此易於萃取。再加上整體的組織結構被壓碎，平面部位水分容易浸潤。但是突出部位較多、組織結構被破壞，劣化速度也較快，不適於保存。

磨豆機總結

最後提出幾項我個人認為在選擇、使用磨豆機時必須注意的重點。

首先在選擇磨豆機的時候，可以聽聽自己信賴的咖啡師與相關人士的意見。當然常常故障容易出問題的機種首先就得排除在外。在國內沒有正式代理商的機種，也不值得推薦。除了無法得到充分的保障跟維修之外，沒有代理商的機種，表示背後可能存在某種理由。

買來的機器必須常常清理、確實做好維修跟保養。絕對不可以將豆子長時間放置在內，或是同一刀盤持續使用一年以上。就算不常使用，也必須每天進行最低限度的清潔作業，定期交換刀盤。

品質優良的咖啡豆是否能萃取成風味絕佳的義式濃縮咖啡，全都得看Barista是否有做出正確的選擇與定期維修。

義式咖啡機

在進入主題之前，先述說一下我對義式咖啡機所抱持的思維。

半自動的義式咖啡機，目前在日本的市場有多種款式存在。常常有人問我哪種款式性能最好，那一機種最為優秀。

在日本一般所販賣的義式咖啡機，基本上都具有相當不錯的品質，因此在購買時與其考慮機器的品質，不如重視使用者的需求與想法。

比方說沖濾式咖啡所使用的濾杯，種類繁多。選擇不同款式的濾杯，味道會有所改變，但若由同一個人、用同一款咖啡豆、以相同份量來沖泡，那麼咖啡的味道應該不會因濾杯的種類而產生大幅度的變化。比濾杯更加重要的是「咖啡豆的品種、沖煮方式」。義式咖啡機也是一樣，跟咖啡豆的品種以及Barista的萃取方式相比，咖啡機的性能所造成的影響並非最大關鍵，而是豆子與萃取大為影響咖啡的味道。

那麼，是否可以不用在意義式咖啡機的性能？ 當然並不是如此。身為複雜的高科技製品，有許多我們不得不去留意的部分。

左野先生很肯定地說：「要維持咖啡的品質，必須隨時將機器維持在正常且清潔的狀態」。為了達到這點，以下三點非常重要。

①理解機器的構造
②掌握有效的清潔方式
③做好自己能做的維修作業。

就讓我們來看看各個項目的詳細內容。

Simonelli公司所製造的義式咖啡機，『丸山珈琲』有些分店所導入的機器。

① 理解機器的構造

義式咖啡機與鍋爐的構造

義式咖啡機擁有的性能，可分為兩大項目。第一是提供牛奶加溫所須的蒸氣，第二是釋放萃取義式濃縮咖啡所須的熱水。

義式咖啡機所搭載的鍋爐，分成Single（單鍋爐）、Double（雙鍋爐）、Multi（多鍋爐）等三種。

單鍋爐，是由一個鍋爐來兼顧供應熱水跟蒸氣。鍋爐之中設有熱轉換機，冷水在通過鍋爐中得以加熱，轉換成熱水釋放出去（圖1）。就構造來看，通過鍋爐的冷水加溫後直接放出，因此水不容易累積在鍋爐內部。跟雙鍋爐相比零件數量較少、構造單純，具有降低成本的優勢。

另一方面雙鍋爐的構造，是用兩個不同的鍋爐供應並管理萃取咖啡所須的熱水。多鍋爐是最近新出現的設計，具有兩孔以上的機器，各自擁有獨立的水槽。

雙鍋爐與多鍋爐最大的優勢，在於萃取用的鍋爐各自獨立，可以精準管控熱水溫度。熱水的溫度是穩定咖啡品質的重要因素之一，最近在注重品質的風潮下，許多使用者都傾向於選擇雙鍋爐的義式咖啡機。另外，對使用蒸氣頻度較高的西雅圖系列的咖啡店，蒸氣功能不容易降低的雙鍋爐，是目前的主流機種。因為就算常常使用蒸氣，也不會影響萃取咖啡的熱水，對於注重穩定性的人來說，這項功能非常具有吸引力。

不過雙、多鍋爐也存在一些問題。鍋爐相關的零件數量增加，製造成本提高，促使義式咖啡機的價格變得更加昂貴。

另外，使用頻率較低時，熱水會長時間停留在鍋爐的水槽之中，無法使用新鮮的熱水，也是不可忽視的問題。照片3所顯示的內部構造，是雙鍋爐的心臟部位。保持此部位清潔、維持在正常的狀態，可以延長機器的壽命。

請看右邊的照片5。與蒸氣用鍋爐相連的加熱器的細縫之中，因漏出水垢而累積附著。這會造成零件劣化與蒸氣外洩，釋放出來的熱水也變得不衛生。為了避免這點，除了請廠商定期維修之外，還要在設置義式咖啡機的同時另外還須裝設軟水器，以防止硬水的水垢附著在機器上。

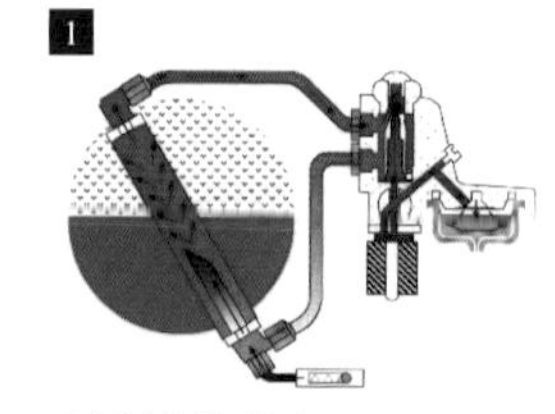
單鍋爐的構造圖

單鍋爐的內部構造

雙鍋爐的內部構造

多鍋爐的內部構造

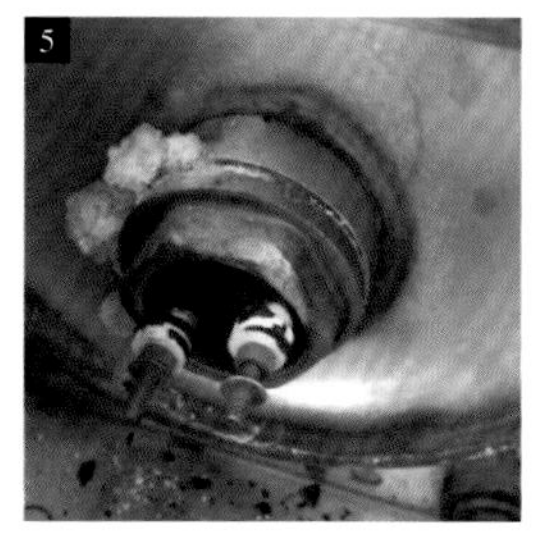
蒸氣用鍋爐連接加熱器的部位，附著漏出的水垢。

② 掌握有效的清潔方式

清理沖泡頭

用毛刷清理沖泡頭（照片1），是非常普遍的清潔作業。但重要的是除此之外，還必須進行逆洗作業（照片2）。

逆洗作業（Back Flush）指的是將無孔濾器（Blind Filter／照片3）嵌到機器上，讓萃取用的熱水逆流，將分水網（參閱照片1）以內的部分清洗乾淨。流出的熱水被無孔濾器阻擋，進而用15 Bar的高壓沖回分水網以內的機器內部，將咖啡粉等雜質給沖掉。這項作業依機器的使用頻率而不同，基本上最好是每兩個小時進行一次。

在此非常重要的是進行逆洗之前要先將分水網拆下。施加壓力時如果有分水網在，只能清洗到密封用的墊圈（參閱照片1）附近跟分水網外側的污垢，分水網以內的部分將無法被清洗到。

清洗時會面對的最大問題，在於分水網內部所累積的污垢。請務必理解，累積在內部的污垢如果不去清理，會持續不斷地累積下去，大幅影響機器的壽命跟咖啡的品質。

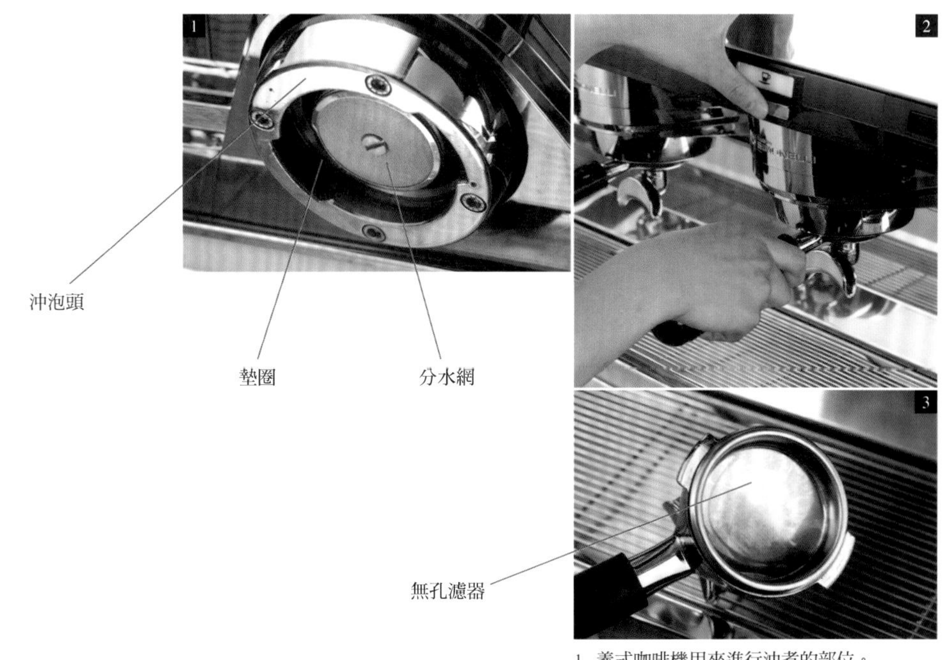

1 義式咖啡機用來進行沖煮的部位。
2 正在進行逆流時的照片。
3 逆洗時所使用的無孔濾器。

清洗濾器

濾器（裝咖啡粉的容器）這個部位，最好用跟沖泡頭同樣的頻率來進行清理。只要將濾器卸下把油污跟咖啡粉洗乾淨即可。

濾器跟先前提到的分水網，分別在萃取濃縮咖啡的時候擔任濾網跟容器的功能。

法式壓濾壺每泡一次咖啡就必須清洗一次濾網，沖濾式咖啡的濾紙，也是使用一次就會丟棄。

反過來看義式咖啡機的濾器，每天結束營業時才清洗一次的店家也不在少數。如此萃取出來的咖啡稱不上是高品質。雖然得看機器的使用頻率，基本上最好是每兩個小時至少清洗一次。

清理蒸氣噴嘴

請看右下的照片1。各位看得出這是什麼東西嗎？這是殘留在蒸氣管接頭上的牛奶，受打完奶泡後的熱氣之影響而變質，凝固成散發臭味的附著物。照片2是拆解之後的蒸氣管接頭，蒸打牛奶時使用的蒸氣會透過這個部位來釋放出去。這2張照片簡潔有力的告訴我們，讓接頭空轉、迅速蒸打奶泡，以及保養跟維修的重要性。

蒸打奶泡後，許多Barista會擦拭噴嘴，將外表清理乾淨之後才使之空轉，將內部的牛奶排出。但這種清理流程並不完善，就算噴嘴看起來乾淨，滲進內部的牛奶仍然沒有去除。

蒸氣管接頭在噴射結束將噴口轉緊之後的幾秒鐘，最容易將牛奶吸入。也就是說「結束蒸打將噴嘴轉緊→進行空轉將牛奶噴出→擦拭噴嘴」才是較為理想的清理程序。只要遵守這個順序並迅速完成作業，就可將發生照片中之狀況的可能性降到最低程度。

分解蒸氣管接頭的照片。附著著牛奶變質之後所形成的固體狀污垢。

③ 做好自己能做的維修作業

義式咖啡機是昂貴且精密的機器。為了保持在良好的狀態下長期使用，每天的清理跟保養作業將扮演極為重要的角色。

替換墊圈

義式咖啡機會用9 Bar的高壓來進行萃取。為了讓這份壓力毫無遺漏的用在咖啡粉上，必須裝上墊圈（Gasket）這個黑色橡膠環。最重要的在於保持柔軟狀態，因為暴露在高壓與高溫蒸氣之下的墊圈在反覆使用之後會漸漸變硬，並失去應有的功能。

因此替換墊圈的作業非常重要。常可聽說：「替換時間大約是在一年」或是「萃取時有熱水漏出就必須替換」，但這說法都跟現實有很大的出入。

替換墊圈的重點，在於變硬之前就要換掉。硬化的墊圈無法發揮正常的功能，萃取壓力外洩，咖啡粉所得到的壓力也會減少。

請看右上的照片。照片1是使用將近一年的墊圈，照片2是尚未用過的全新墊圈。使用一年的墊圈因為已變硬，就算施加力道也維持圓形，感覺就像是塑膠一般。相較之下新的墊圈擁有橡膠的柔軟度，因此富有彈性，易於彎曲。這個柔軟度正是墊圈得以發揮正常作用的証明。

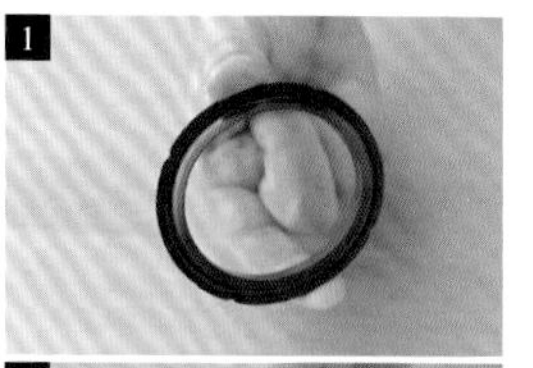

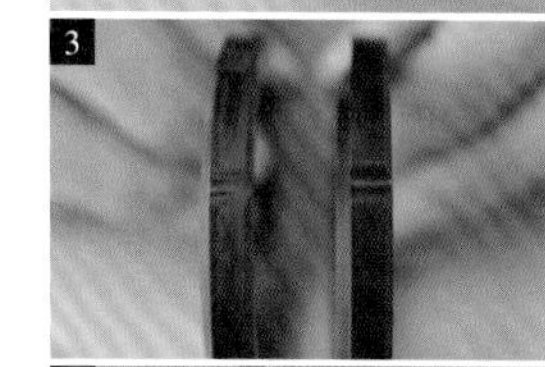

照片1 是使用一段時間之後的墊圈，就算用力施壓也已經完全不會彎曲。這個狀態無法發揮密封的功能，會讓萃取用的壓力外洩。照片2 是新的墊圈，具有彈性，稍微一握就很容易彎曲。照片3 的左邊是舊的墊圈，右邊是具有彈力的新墊圈。照片4 跟5 是將墊圈拆下的樣子。

專家的保養與維修

我們自己所能保養到的部分有限，另外還有許多部位跟癥狀，是我們使用者自己本身無法察覺、無法觸碰到的。這些部位的保養跟維修，是販賣業者跟代理店必須負責的重要工作。我認為至少每年要請專業廠商來維修一次，當然也許可能檢查不出任何的異常，但是藉此聽取業者使用跟保養上的寶貴資訊和建議，也是非常有價值的。

委託專家進行保養，或許無法馬上感受到成果，但確確實實的可以延長機器正常使用的壽命。

Chapter 7

Barista Training

Barista 的培訓課程

我們為了提高Barista的知識與技術水準舉辦Barista培訓課程。
我在企業與個人的委託之下，與Barista們一起全力以赴。
在此介紹何謂Barista的培訓課程。

Barista培訓課程就如同字面上的意思，目的在於培訓新人，或是讓Barista更進一步成長而進行的教育訓練。

培訓及教育訓練的工作是個非常有意義的工作。我十分熱愛這份工作。甚至為自己冠上「Barista培練師」之職稱。我之所如此熱愛的最大理由，在於可以得到教學相長之成果。

透過訓練，受教的Barista可以得到新的知識與技術，更重要的是對於自己的工作擁有更高的敬業意識，在公司或團隊內成為更加重要的存在。這對進行教學的培練師來說也是如此。進行教學的一方，必須具備理論性說明的充分知識、足以演練示範的技術、以及號召別人的說服力等。並且「教學相長」同時也能飛快地自我提升。

培訓課程雖然可以得到各種好處，但如果無法確實成功教導，則有可能徒勞無功白費努力。教育訓練所耗費的「時間」「金錢」以及「勞力」，若是無法達到預計的成果，則有可能會造成莫大的損失與浪費。

如何才能有效活用培訓之中所花費的資產，是本章節的重要主題。

本人所進行的Barista培訓課程，可以分為以下四大流程。

1. 擬定計劃、事先確認
 ①設定目標
 ②瞄準方向，明示遠景
 ③決定期間與日程表
 ④完備周邊條件
 ⑤確認Barista本人的意願
2. 展開訓練
 ①徹底實踐現場訓練
 ②教導必要的知識
 ③明確訂定要求水準
 ④喚起修正、改善、注意的意識
3. 確認進度～訓練結束
 ①確認進度
 ②給予新的課題
4. 訓練結束之後
 ①交叉訓練
 ②外部研習、收集資訊
 ③持續輔導

1. 擬定計劃
事先確認

「擬定計劃、事先確認」可以讓訓練課程有效率的進行，是極為重要的部分。

① 設定目標

既然接受訓練，就應有想達成的目標，比方說「萃取出高品質的咖啡、蒸打質感細膩的奶泡、提供符合本店水準的卡布奇諾」。
諸如此般，設定具體的目的讓Barista與培練師共同認清目的，對培訓教學來說朝共同的目標前進是非常重要的。

② 瞄準方向，明示遠景

接受訓練的Barista所追求的目標，會隨著工作環境與立場而不同。有些咖啡專賣店「本店講究高品質的咖啡，因此優質的義式濃縮咖啡、卡布奇諾比什麼都重要」，但也有像車站附近的咖啡店「本店的訂單大多是濃縮咖啡相關的飲品，為了應付車站的人潮，想盡可能快速提供，縮短客人等待的時間」。依此看來，兩者的訴求當然不一樣。目的＝達成具體目標，而遠景跟方向性則是將來的展望。所以培練師可具體提示受訓者（Barista）應該達成的目標，進而讓他描繪出未來的遠景。

③ 決定期間與日程表

設定好結束訓練的時期，目的使Barista與培練師共同認識訓練目標所剩的時間。

訓練課程的時間，並非越長越好。明確指定出「在○月○日之前學會這項技術」等期限，以喚起受訓者時間上的目標意識，得到高效率的訓練課程。

④ 完備周邊條件

在接受培訓之前，必須進行各種準備與確認。準備測量儀器等設備、備好咖啡豆跟牛奶等材料、調整受訓者（Barista）的排班等等。沒有做好這些準備的話，將無法有效利用訓練的時間。事先準備好當天所要進行的訓練內容，以及將會用到的一切物品，可讓課程進行得既充實又順利。

「事前準備」對教學訓練來說非常重要，照片是在日本愛知縣自家烘焙咖啡店『珈琲通 豆蔵』實施訓練的狀況。擔任培練師的筆者（左邊數來第2人）正在向參加者確認當天的教學內容與目標。

⑤ 確認Barista本人的意願

先前已提到，教學訓練必須花費大量的資源。因此在開始之前必須確認Barista本人的意願。萬一本人覺得「自己的能力還沒到這個階段」或是「其實打算離職」的話，那根本談不上要不要受訓之事了。

確認本人的意願，不光只是喚起Barista本人的決心與向上心。同時身為培練師也能重新確認到「受訓人的Barista有如此的決心，自己也必須好好完成任務」的使命感。

以上是計劃跟準備的階段必須完成的項目。

讓大家確實的意識到目標、設定好日期、妥善進行準備。好好完成這些程序，才能有效的進行教學訓練。

2. 展開訓練

① 徹底實踐現場訓練

透過身體來感受

在現場進行訓練時非常重要的一點是首先要讓大家「親身感受」。

比方說教學內容為義式濃縮咖啡時，常常看到直接就讓Barista裝填粉的場面。但正確的流程，應該是由培練師先行示範。由培練師調好飲品給大家品嚐，Barista透過自己的感官來感受和想像自己必須達到的目標。令Barista實際想像自己應該達成的目標之後，再讓他們實際練習。

「若不親身示範，具體說明，讓人試試並加誇讚，則人不為所動」

這是日本海軍上將山本五十六的名言，意思是「若不示範給人家看、說明給人家聽、讓他練習、找出好處來誇讚、則無法讓人起而行動」。這是站在教學立場的人必須記住的教訓，同時也是本人身為Barista培練師所秉持的理念。

靠近距離即時施教

培訓時，盡量靠近Barista的身邊來進行。目的為了仔細觀察Barista的一舉一動，一旦發現其動作跟理想有所出入、任何細節馬上給予指正。要是培練師漏看了錯誤的動作跟行為，Barista就無法發現自己的錯誤，而一直將錯就錯。所以只要找到錯誤就必須當場指導，即時正確修正。為了達到這點，培練師與Barista應靠近距離來實施教學。

左邊為筆者，右邊是受訓者『珈琲通豆蔵』的佐佐木里紗咖啡師。若是無法在初期階段就將錯誤修正，會讓Barista記住錯誤的方法跟手段，修正起來更費時耗力。訓練時不可以只在一旁觀看，必須近距離觀察學生們的動作，發現問題馬上指點、修正。

意識到作業速度與生產性

在教學的初期階段，基本上採用「速度不快也行，但必須正確的完成」的方針。正確性當然是不可或缺的要素，同時「迅速作業提高效率」也一樣的重要。不過並不是代表所有動作都必須加快。要求正確操作的部分須慎重其事，其他的部分則減少多餘的動作，盡可能迅速完成。

比方說接到義式濃縮咖啡的訂單。首先Barista要移動到咖啡機前，此時並沒有正確性的問題，一邊注意不要慌亂，一邊迅速的移動就行。接著是將把手卸下擦拭乾淨，這個動作也不要求慎重，卸下後迅速的擦拭乾淨就可。再來是裝填粉，此項作業在各種層面都須要很高的精準度，因此在熟練之前要慎重確認咖啡粉掉落下來的角度跟粉量。

就像這樣，各個動作所要求的正確性不同，其中有多項應可加快動作提高效率的。

撇開個人誤差不談，一般來說提供一杯義式濃縮咖啡的過程，包括12～15個動作。其中七個項目不大須要高度的正確性，是比較容易加快速度的項目（※）。要是每個動作可以縮短2秒，則一次下來總共可以縮短14秒，假設店內收到100杯的訂單總共可以縮短1400秒，也就是提高23分鐘以上的生產效率。

光是濃縮咖啡就能縮短這些時間，動作更多的卡布奇諾則自不待言。提高生產效率，Barista本身泰然有餘的話，進而能提供更好的服務。更重要的是，還可用較少的工作人員來接待應對客人，節省人事費用。

※ 移動到機器前方、卸下把手、將濾器內的水分跟污垢擦拭乾淨、放水、移動到磨豆機前方、去除附著在沖泡頭的咖啡粉、按下沖煮鍵。

②教導必要的知識

教授基礎知識

為了彌補現場教育的不足，讓訓練進行得更加順利，須教授相關之基礎知識。比方說在學習義式濃縮咖啡時，應將這項飲品的起源跟其至今的歷史、須用多少粉量、是幾cc的飲品、怎樣的萃取狀態最理想等基礎知識也一起教授給大家。這些事物的背景等基礎知識，有助於促進對方理解並提高學習意欲。

透過數字進行定量的說明

培訓時教授給大家的內容，必須盡可能用數字來顯示。比方說液體30cc、咖啡粉大約20公克、萃取的誤差必須在±3秒以內等等，就算加上「大約」「左右」也沒關係，要明確的說出目標數據。在行家跟專業的領域之中也會使用「這份咖啡的風味是7.5分」「烘培時間十三分鐘溫度212度」等定量性的表現方式。

在日常生活之中就透過數字來建立理論性的思考，這樣可以避開抽象性的表現和議論，自然而然的提升自己的能力。

為每件事情尋找理由

教導別人時最重要的一點是一一說明具體的理由。不可讓Barista認為「因為人家教我這樣做，所以我也…」，我想如此的話無法讓他們徹底實踐學到的內容。

所有動作跟行為，都有一定的理由。為什麼非得這樣做不可，必須將其理由好好明確說明。

比方說，為什麼在裝填粉之前必須先將濾器擦拭乾淨，這是因為「濾器內部如果潮濕，熱水沖進咖啡粉時可能集中在含濕的部位」。

每個動作都一樣，一一說明理由，加深Barista對專業的理解程度，有助於大家正確的進行練習。

③ 明確訂定要求水準

所謂要求水準，指的是店家或公司提供顧客的商品水準。「明確指示要求水準」是要明確的讓大家了解具體的要求。

比方說卡布奇諾，顏色的對比該如何鮮明、拉花須有何種的完成度方可提供客人、奶泡的質感應該達到如何綿密細緻、須在幾分鐘之內完成沖製、提供時溫度與味道的標準等等，明確制定好這些細則條件，就算有新人加入，也可維持店家的品質不變。

「明確指示要求水準」不光指商品，還包含客服的水準、清潔工作等各種層面。照片中正在確認Barista萃取出來的卡布奇諾。奶泡厚度跟質感的綿密度，會影響到飲用時的口感與其他層面，必須明確指示要求水準。

④ 喚起修正、改善、注意的意識

這點跟超近距離教育有著相似之處，一旦有任何問題出現，馬上進行糾正，促使大家改善。

在進行教學的時候，容易流於「剛開始達到這種程度即可」這種馬虎妥協的態度。總之而言當Barista做出錯誤的動作時應當場予以糾正，敦促他們修正，以免養成錯誤的知識跟技術。

3. 確認進度
～完成培訓

① 確認進度

在Barista培訓的初級階段，已經訂下「將在何時、要求達到什麼水平」的計劃。在此得確認教學內容是否按照計劃進行。要是進度比當初來得快，則將計劃提前，如果進度比預期中要慢，則做出修正。

② 給予新的課題

每次課程結束前，可以對Barista提出新的課題。事先告訴大家下次的教學內容，讓受訓者先進行預習。比方說「下次要教卡布奇諾」「最好讀一下這本書」等等，協助大家在下次培訓時盡可能加快進度。

4. 完成培訓後

① 交叉訓練

培訓告一段落後，可以嘗試交叉訓練。交叉訓練一詞是運動領域之中「意識專業外的項目進行訓練」。

Barista並非只在店內崗位上操控義式咖啡機萃取咖啡即可。必須對咖啡豆擁有詳細的知識，隨著工作場所，還必須學習各樣的知識。除了現在的培訓之外，學習其他相關項目，可以使自己的知識豐富並累積經驗。

例如配合義式濃縮咖啡的訓練，一邊學習怎麼進行杯測，可以感受到原材料的風味跟濃縮咖啡無法辨認的微妙傾向。濃縮咖啡將風味強烈的表現出來，杯測則是進一步體會豆子的纖細變化，從中得到的經驗絕可活用在萃取義式濃縮咖啡上。

在接受義式濃縮咖啡訓練的同時一起學習杯測的技能，是相當有效的做法。聽聽經驗豐富的烘焙師與杯測師述說豆子的風味與背景，這些知識全都可以活用在義式濃縮咖啡的萃取作業上。

② 外部研習、收集資訊

加強大家推廣第①項交叉訓練的方法有「外部研習」跟「收集資訊」。置身於現代社會之中，許多事情都可以透過書籍、網路搜尋、網路上的影片來進行學習。為了彌補自己知識上的不足，希望養成每天尋找相關資訊的習慣。

找到自己有興趣的領域，可以參加研修跟教學課程，讓自己身為Barista的「世界」往外擴展。比方說剛才所提到的杯測，只是閱讀書籍跟查詢網路資訊、絕對無法掌握實際的技巧。跟經驗豐富的烘焙師或杯測師一起演練實踐，強化對味道與知識切磋琢磨，透過有深度的學習內容來讓自己有所成長。

客服方面也一樣，許多人都認為只要稍有才能，不用特地去學習也能掌握相關技能，但實際上卻不是如此。在客服的領域，也有專門研究「最佳服務」的專家存在，參加這些專家所舉辦的研習，可以「透過客服來標榜特色」。

外部研習、收集資訊，可以強化在自己的店家或公司之中不容易學習到的部分。

③ 持續輔導

所謂持續輔導意指為了徹底追求某件事物，針對其結果或目標的達成狀況與進度進行驗證與分析，並進一步給予修正，指示與建議。

例如義式濃縮咖啡的培訓結束之後，定期確認其義式濃縮咖啡的味道跟萃取技術，對於尚未成熟跟忽略的部分再次加強訓練。

教學培訓並非教了一次就告結束，「不可以教了之後放任不管」也是非常重要的。

經驗豐富的Barista也 需要持續輔導。隨著經驗Barista的能力提高，但會有獨特的習慣以及想法出現。要定期確認其想法是否正確、或符合公司以及培練師的想法。須要彌補不足之處。照片內是筆者與『珈琲通 豆蔵』的成員們。正在對學習過的內容進行事後輔導。

身為Barista培練師的重要條件

最後說明身為Barista培練師絕對不可忘記的兩大重點。第一是「培訓的成果八成取決於培練師的準備」，第二是「先在自己腦裡整理出條理才能教導他人」。

為了使培訓完美無缺，培練師必須做好綿密的準備，在腦裡將教學內容整理得井然有序。

自己平時無意中的所作所為，想要簡明扼要地傳授給別的Barista，必須深深喚醒所有記憶，有條理地分類整理。然後將它表達成Barista所能理解的語辭（轉譯作業），才能讓人充分理解。

教導別人對教師來說是「把知識檢點『卸貨』的作業」，而對學生來說則是「吸收新的知識與技術。」在日本技藝出色的Barista人才濟濟，客人們享受到優質味美之咖啡的時光和場所也日益增多——我相信確實做好培訓工作，必能展望如此的未來。

Chapter 8

Barista Championship

咖啡大師競賽

為甄選世界第一傑出的Barista舉辦的即是世界盃咖啡大師競賽。
這是一場什麼樣的比賽，其目的為何？
參加這類比賽的意義何在？
另外同時說明在競技之中，
必須提供的創意飲料。

WORLD
BARISTA
Vienna, Austria
June 12-15, 2012
FIRST
Events

何謂世界盃咖啡大師競賽

大會規則與流程

每年舉辦的世界盃咖啡大師競賽有多達五十個國家參加，是全世界最具規模的咖啡師大賽。是一場針對味道或品質等角度綜合評選Barista的世界級大賽。這場大賽的英文名稱為World Barista Championship（WBC），另外在日本還舉辦選拔WBC參賽者的Japan Barista Championship（JBC）。

大賽的競技內容有各四杯的義式濃縮咖啡、卡布奇諾、創意飲料（使用濃縮咖啡的獨家創作）。必須在十五分鐘之內提供十二杯的飲品給評審員評分，審查項目包含味道跟品質，Barista的技術與服務，以及對精品咖啡的知識跟熱誠等。詳細的競技內容與規則請確認日本精品咖啡協會（SCAJ）的網頁跟收錄大賽內容的DVD。

這場大賽的評分項目，有很多可促使Barista成長的重點。首先，透過「是否充分掌握所使用咖啡豆的品質跟傾向」來測試Barista對於豆子品質的理解。然後以「是否能將咖啡以濃縮咖啡的狀態保持高品質地萃取」來測試萃取技術的一貫性。又從「在限制時間內將對咖啡的想法表達無遺，並完成所有競技」來看相關技術的操控速度。其他還有「是否讓人感受到嶄新的內容與創意」等巧思與創意。以及確認是否具備「推廣精品咖啡的熱情跟表現能力」的熱忱跟演出能力。甚至進一步的還包括服務態度跟個人綜合能力等「身為Barista是否可為人楷模」的重要部分。經驗豐富的評審人員針對上述的眾多評分項目進行評審，讓參賽者由中各展技藝分出高下。對一位Barista來說，沒有比這項大賽更加可以讓自己成長的機會了。

比賽時限制在十五分鐘之內提供高品質的多款飲品，必須確實傳達表現出自己對於咖啡的熱情跟知識。©Amanda Wilson

WBC的創立

話說回來，為什麼會出現WBC這種大賽呢？

WBC在2000年成立，一開始是由SCAA（美國精品咖啡協會）與SCAE（歐洲精品咖啡協會）共同成立。目的在於啟蒙跟普及精品咖啡，同時活動重點在於提高Barista的社會地位。有關WBC成立的理由跟經過，我們直接請教WBC首席評審兼評審認定委員會會長的Justin Metcalf先生，其內容刊登在第104頁的專欄之中。

大會的發展

WBC在2000年首次舉辦，當時只有十二名各國冠軍來展開角逐。然而2012年的WBC，則成長到由五十個國家以上的選手來參賽的規模，在各國Barista與咖啡人士之間年年備受注目，參賽人口也越來越多。

此外很多層面也都有所變遷，但變化最大的該算是冠軍得主及前幾名選手的出身國。剛開始的時候，丹麥等北歐國家的選手實力過人高居絕對優勢。其他各國根本無法突破他們的橋頭堡。直到2007年的東京大賽英國選手James Hoffmann獲得冠軍後，英國、愛爾蘭、美國等國家陸續躋身到前幾名之中。隨後2010年的倫敦大賽再次局勢大變。當年的比賽中，來自瓜地馬拉、宏都拉斯、巴西、墨西哥等咖啡生產國的Barista紛紛名列前茅，另外也出現大賽有史以來第一位來自產地國的冠軍，薩爾瓦多的Alejandro Mendez選手。最近的2012年度WBC亦由生產國瓜地馬拉的RaulRodas選手奪冠，連續兩年由產地出身的選手榮獲冠軍，因此新年度的動向也隨之備受矚目。

參與或參賽

不論是以選手的身份，還是評審、義工都能參加。只要對咖啡大師競賽感到興趣想參與的話，本人可以為大家提供一些建議。

參與WBC大賽

對於大賽感到興趣想要進行觀摩、參加比賽來確認自己的實力、或是想以工作人員的身份參加讓大賽更加完善、想要以評審的身份參加等等，不論動機跟理由為何，如有一點點的興趣，我都建議大家嘗試參與。與其擔心「自己身為Barista還不成熟」「雖然很喜歡咖啡卻不是從事相關工作」，總之先找機會去接觸大賽現場的氣氛。不論是以哪種型態，只有實際參加有辦法了解其中的內容，就算只是抱持「想試試自己的實力」「沒有特別的理由但想要參加看看」等想法也沒關係。

不過一但決定參賽，有些內容希望大家更深入的去了解。

了解WBC大賽內容

若是以「想要在大賽之中得到佳績」為目標來參加大賽，必須詳細閱讀規則跟評分表，掌握這場比賽對參賽者之要求。其中有些部分跟自己平時的操作或許有所出入，除此之外還有許多參賽時必須了解的事項。

我個人特別建議大家，詳細閱讀「評審」的項目。評審是用何種標準來打分數，對Barista有何要求，如何進行審查，理解這些內容，是極為重要的。我個人認為這個大賽出色的地方，在於「了解規則、追求各個評分項目的過程之中，可以直接讓Barista有所成長」。

為了在十五分鐘以內完成作品必須追求加快速度，練習有效的完成作業。另外也必須研究材料的背景，追求味道跟品質。當然也得去了解豆子烘焙程度、熟成時間的長短。要用幾公克的粉量才能達到理想的萃取狀態，是否有充分活用高品質的豆子，必須反覆練習裝填粉跟填壓。為了在比賽之中將豆子介紹給大家認識，除了跟烘焙師還有採購家交談之外，還必須到網路上尋找相關資料。

諸如此般，為了參加比賽必須多方研究跟學習、重新檢討自己的技術，更進一步加深自己對於豆子、義式濃縮咖啡的認識。這些過程都可格外地提高Barista的水準。

由同事擔任評審進行演練。客觀的研討想要表現的內容是否確實傳達給對方、技術跟禮儀是否正確。

接受評分的重要性

若以Barista的身份參加大賽，在比賽結束之後，會有一份評分表回到自己手中，上面標明名次，和打好各項目的分數。對一位Barista來說，此份評分表的評價是極為貴重的評估。

由全世界五十個國家所制定出來的嚴格標準，可以說是目前最為統一的世界標準。在符合這些規定的世界級評審的指導之下，大賽中的評審對各國參賽者進行評審。參賽者所沖製的咖啡、在比賽時展現出來的姿勢與熱情、技術，都經由「世界水準的評審」來打分數。在JBC時，在160名的參賽者當中，你的表現如何，評審們以客觀的角度來做評估。

WBC世界大賽之中的評審正在對作品進行評分。©Amanda Wilson

若能在此得到良好的評價，意味著與世界等級的Barista靠近了一步。

咖啡大師競賽，是一種競技比賽，有事先決定好的規則。就算自己得到的評估不甚理想，也建議大家虛心坦懷地去接受。針對世界標準做出來的評價，以進行自我修正、自我理解。大幅度的修正自己的做法，或許不是一件容易的事，但這些努力會使身為Barista的你，以及你所沖製出來的咖啡大有長進。

不忘感謝之心

2012年度WBC的頒獎典禮，進入決賽的選手們高舉以填壓器為模型的獎杯。©Amanda Wilson

我相信各位應可理解WBC對於Barista跟喜愛咖啡的人來說，是個何等重要而有意義的大賽。

此大賽在無數的評審、營運人員、義工、以及資金方面提供協助的贊助商等，全體人員的支持之下，大賽才得以進行。因此不論是以什麼樣的身份參加，必須對所有與會人員抱著感謝的心。

由衷盼望咖啡大師競賽在各位身為Barista的人生、與咖啡有關的時光之中成為日益重要的存在，同時藉由Barista的存在使日本的咖啡界不斷地進步。

創意飲料

何謂創意飲料

在咖啡大師競賽之中，要求選手必須調製創意飲料（Signature Beverage）給評審員。創意飲料、義式濃縮咖啡跟卡布奇諾同屬三種競技項目之一。

調製這項飲品時，容許使用義式濃縮咖啡以外的各種液體跟材料。根據大賽的規定，一杯創意飲料，最少必須使用一份濃縮咖啡。另外注重「可以確實感受到濃縮咖啡的口味」與「濃縮咖啡跟其他材料的相乘效果」。禁止項目則是不可混入酒精、酒類副產品以及非法藥物。「基本上須是以飲用」為前提的飲料，不可以有咀嚼的要素存在。

光看上述形容，或許會對創意飲料抱持僅是「義式濃縮咖啡所發展出來的飲品」的單純想法。但實際上創意飲料比我們想像的更為深奧。

創意飲料的英文為「Signature Beverage」。Signature指的是「簽名」或「簽署」，Beverage則是指飲品。在美國簽名或簽署等個人標誌被用在契約跟取款上，從此可以看出，Signature代表「獨自的」「屬於個人的」之意思。也就是說創意飲料，是種屬於這位Barista的濃縮咖啡飲品，只有其Barista才能創造出來。

這項飲品同時也非常注重獨創性與「為何必須使用這款咖啡豆」的重要飲料。

我在開始這份工作時，曾經詢問一位在WBC創設時即負責評審的評審員：「Signature Beverage是什麼樣的飲品？ 應注重什麼？」

他表示「在創意飲料之中最重要的是『主題』跟『對咖啡豆的認識』。比賽時使用的豆子之主題，與義式濃縮咖啡、卡布奇諾、創意飲料等三種作品須有共通的主題。另外主題與材料的關聯性，所有要素都應該連貫在同一個主題之下，同時對咖啡充滿熱忱也是十分重要的。」

就如同他所回答的，創意飲料非常重視具有深奧內涵的主題。

另外還有很重要的一點，那就是「是否將重點放在咖啡之上」（17頁）。

WBC是SCAA（美國精品咖啡協會）與SCAE（歐洲精品咖啡協會）共同出資舉辦的大賽。也就是說，是一場使用精品咖啡的大賽，參加比賽的Barista必須成為「推廣精品咖啡的親善大使」。所以如果對咖啡毫不關心注目，根本無法談論這場大賽。當然，比賽項目之一的創意飲料也是如此。

因此創意飲料是

●具有這位Barista、該豆子的獨自性與獨創性。
●三種分項飲品須有一貫性的主題。
●將重點放在咖啡之上。
●按照WBC的規則來製作的飲品。

創意飲料常被調侃為「份量太少」或是「店面無法販賣的商品」。不過這種飲品的主要目的，並不是當作商品來販賣。而是用來表現上述的咖啡的主題性、萃取其咖啡精華的技術和將此些要素表達無遺之能力。追求創造性的飲料正是所謂的創意飲料，它絕不是義式濃縮咖啡的改良飲品。

我認為在頂尖Barista展開較勁的準決賽跟決賽之中他們的濃縮咖啡跟卡布奇諾的品質相差並不太大。他們使用高品質的豆子，而且都是參賽者中名列前茅的選手，技術等級不在話下。

在此實力難分高下的情況之下，創意飲料扮演了重要的角色。促使Barista們更熱烈地注視咖啡，由中篩選出頂級中的佼佼者，真正的Top Barista。

1,2 身為日本代表的鈴木樹咖啡師在2012年度WBC之中所製作的創意飲料。重點在於如何將濃縮咖啡的風味展現到極致的材料、兩者的融合、革新的技術與器具、製作方式。重要的是如何表現使用其濃縮咖啡的飲品。

3,4 Barista可以在一定的規則之下，使用各種不同的器具，幫助自己做出多元的表現。

©Amanda Wilson

義式濃縮咖啡的品味

所謂創意飲料的大前提，即是「義式濃縮咖啡的飲料」。如果跟其他材料或是添加其他較為強烈的成分之後，稀釋掉原來的義式濃縮咖啡的味道，或是反而無法感受到其咖啡該有的風味，就毫無意義了。無論如何它必須是能確切地感受到濃縮咖啡的品味才行。

說明「為什麼」

正因為創意飲料自由無羈，所以Barista被要求必須做更多補充說明和註釋。所謂說明包括使用什麼材料、這些材料如何活用、其材料所帶來的效果與風味，也就是要對「用什麼，來調製什麼」等基本內容進行說明。

其中最為重要的，是明示「為何如此」的理由。假設我們做了「將日本長野縣生產的葡萄Rosario Bianco磨成果汁來使用」的說明，這無非只是說出其材料的名稱跟狀態而已。必須扼要地說出「我所使用的咖啡豆，跟Rosario Bianco的葡萄其生長環境不論海拔或降雨量都很類似。透過Rosario Bianco，可將該豆子蘊含的優質白葡萄般的風味，變得更加芳醇可口。」必須如此說出使用這款材料的理由，以及跟該咖啡間強而有力的關聯。

咖啡與材料的緊密關聯

關於創意飲料所使用的材料，最近常見的組合模式是使用跟咖啡豆來自同一個產地的食材，或是使用跟該豆子同樣風味的水果等。

但我本人深感「將重點放在豆子本身」則更具深遠的意義。我認為重要的是唯獨此創意飲料才有辦法表現、非得跟這項材料組合的理由等等，透過諸種觀點來注視咖啡豆本身的重要性，才是最為重要的。

在2011年度WBC時鈴木咖啡師說示，以哥斯大黎加Sin Limites莊園（無限莊園）的豆子來提供濃縮咖啡→卡布奇諾→創意飲料的三項飲品，而在調製創意飲料時她用獨自的演出手法來表現「酸味的變化」。將焦點放在單一咖啡豆的「酸味」上，透過三個分項的構思組合出一篇完整的故事。
©Amanda Wilson

透過三種分項的飲品來組合出一個故事

在咖啡大師競賽之中，非常重要的是義式濃縮咖啡、卡布奇諾、創意飲料這三種是否具有明確的關聯性。也就是「透過三種飲品來形成一個完整的故事」。而且給人的印象必須比單獨提供時更為賞心動人。三道作品的效應必須使之超過1＋1＋1＝3以上的價值。

義式濃縮咖啡、卡布奇諾、創意飲料等三個分項的作品重要的是當然要各自的飲品得到高評價，此外還必須讓三者擁有密切的關聯性。

講究外觀

一項飲品的構成要素，不單只是飲料本身而已，不同的容器跟裝飾會給人不同的印象。精麗的杯子，有可能讓人倍覺味美。精心挑選的杯子與裝飾，可協助Barista將灌注在作品之中的「希望對方怎麼享用」「想要讓對方感受到什麼」「想讓對方得到怎樣的體驗」等心願充分傳達。

追求獨創性

在大賽之中，評審所期待的是過去不曾有過的感受，驚喜與感動的體驗。就這個觀點來看，Barista的作品最重要的是獨創性。因為隨處可見的飲品、已經體驗過的飲品將無法讓他們產生興奮的感覺。

創意飲料是深入了解咖啡的Barista才有辦法製作，是種超越咖啡之框架的美好飲品。我由衷關注今後的咖啡大師競賽，並期待出現美味動人的創意飲料。

※本記事的部分內容參考SCAJ官方網站「Japan Barista Championship OFFICIAL RULES AND REGULATIONS」所記載的資訊

©Amanda Wilson

World Barista Championship 創設的經過

Justin Metcalf

World Barista Championship（以下稱為WBC）的前身，是在1998年初所舉辦的挪威咖啡大師競賽。

在歐洲有一位名為Alf Kramer的人物，他認為就如同廚師互相切磋的比賽一般，Barista也應該舉辦同樣的競技才對。

不論是要將精品咖啡的存在推廣到全世界、還是提高Barista的職業地位，都必須有行銷手段。同時為了讓人們了解精品咖啡不同於工業化大量生產的咖啡，宣傳活動與媒體的矚目都是當時必須克服的難題。

對此，咖啡公司Solberg & Hansen的負責人Willy Hansen與Arvid Skovli、Tone Liavaag等人，與Alf Kramer一起在挪威舉辦了第一次咖啡大師競賽。這次大賽大體來看雖算成功，但因為是第一次舉辦，也有很多失敗的地方。

透過這場大賽，我們學習並了解後續活動應有的型態及大賽應有的形象等內容。並且我自己（Justin Metcalf）重新制定規則與規範，設計出新的評分表。另外我們也重新規劃Barista的培訓方式。

同一時期的1998年，正好在歐洲成立精品咖啡協會（SCAE），由Alf Kramer擔任第一任會長。就在SCAE於2000年舉辦第一次咖啡展覽會時，Alf Kramer提出由SCAE委員會來舉辦WBC的構想，並付諸行動。他將大賽的營運活動委託給Tone Liavaag，並且Tone本人也一口答應。

當時，我們沒有世界大賽的經驗，所以無法採取跟挪威大賽不同的比賽方式。此時的戰略跟挪威大賽相同，目的在於吸引世界的注目。結果這次的大賽成功地取得全世界的矚目，留下一定的成果。

在這第一場大賽之中，非常慶幸的是我們成功邀請到世界各國的Barista。（當時幾乎沒有WBC的相關資訊，在舉辦國內比賽的國家也寥寥無幾）

當時我們動用了一切關係和人脈在蒙地卡羅舉辦2000年度的WBC。SCAE委員會的成員，透過各種人脈跟全世界的咖啡人士聯絡，終於促使十二個國家參加與會。要是沒有這份人脈網路，這場WBC是否可以辦成，真的很讓人懷疑。

在摩納哥大公國舉辦WBC蒙地卡羅大賽之後，開始出現相乘效果。WBC的消息在幾年之內就擴展到全世界，各國紛紛舉辦國內大賽。當時所有成員包括我在內，都盡可能的提供協助。

之後SCAA（美國精品咖啡協會）希望在邁阿密舉辦2001年度WBC ，並取得SCAE與SCAA兩委員會的同意。

但當時的WBC還像成長期的幼兒般，尚有許多更改、修正作業有待執行。

接下來的2002年度WBC在挪威的奧斯陸舉辦，這屆起WBC成為更具專業性的大賽。在這場大賽之中，Tone Liavaag變更了大賽的規範與周邊設備。這些新規範一直延續到到今日的WBC。

舉辦2002年度WBC時，我們採用新的評審跟新的評審員認定審查制度，也再次修正主要的規則與規範。此時採用的絕大部分的內容，沿用到現在。當然直到現在十年下來我們持續進行變更與改良才有今天的WBC。

2002年是我開始擔任國際評審，同時也是與Tone Liavaag初次見面的一年。之後我們建立了良好的關係，2004年共同在義大利的第里雅斯特舉辦官方的評審員認證課程。就如同先前所說這項課程到現在依然維持同樣運作。因此我個人認為，Tone Liavaag是WBC成功的最大背後功勞者，為了使WBC成為具有世界性價值和意義的活動，她所付出的時間跟努力值得我們讚賞與評價。

WBC現在依然繼承她的意志，確確實實地提高Barista的專業性，成功地讓大家認同Barista是種專門行業。

比方說如果十二年前在Google搜尋「barista」一詞的話，只會顯示「barrister」（出庭律師），現在則會出現與「Barista」相關的眾多詞條。

就比賽內容來看，以前總是由六～八個國家遙遙領先在前，現在則有三十～四十個國家具備奪冠的潛力。特別是咖啡生產國的進步與發展，更是有目共睹。

現在，WBC肩負著連結咖啡生產國與消費國的主要角色。

長期以來為WBC付出努力，擔任主席評審員跟評審審查員的Justin Met calf 先生。另外也以澳大利亞的墨爾本為據點，以咖啡＆咖啡廳顧問的身份活躍著。

咖啡大師競賽內容摘要

2010年度JBC、2011年度WBC、2011年度JBC預賽
以及2012年度WBC，作者回首描述親自觀賽的大賽內容。

2010年度JBC

2010年的JBC，由同樣隸屬「丸山珈琲」的鈴木樹咖啡師獲得冠軍。當初決定參賽時鈴木咖啡師提出兩大心願「想透過咖啡讓評審愉悅欣喜」，以及「要用自己最喜歡的哥斯大黎加Sin Limites（無限）莊園的豆子來參加比賽」。

哥斯大黎加的Sin Limites莊園是一處小規模的咖啡莊園，特徵是清徹爽口的酸味，每年都生產很出色的豆子。她剛就職「丸山珈琲」時就深深愛上這款咖啡豆，卻因無法充分萃取而感到憂鬱。不過依然心想「三年後的現在，一定可比當初萃出更好的Sin Limites的風味」

幾年來一直，對這款豆子情有獨鍾，萃取時也不曾妥協。我認為這些成果，全都濃縮表現到一杯咖啡內。

她的另一個課題，是「想透過咖啡讓評審愉悅欣喜」。這點在實際練習的時候，一直想不出如何表現。身為她的培練師，為了讓一直煩惱的她從不同的角度來思考，所以我就問她：「妳跟Sin Limites初次相遇的時候，有怎樣的感覺？」。她回答「在不知情之下喝到Sin Limites，為那美妙的酸味而感到驚喜，那瞬間，深深的愛上這款咖啡」。於是，我就提出建議把這體驗「讓評審在大賽之中得到這份驚喜」的看法，她在深思熟慮之下，決定在比賽之中採用不透露產地跟農場資訊類似盲測的作法。透過隱藏產地的資訊，她想跟評審共享「這是那一款咖啡豆？」的興奮與期待，刺激尋思答案的欲求，以及揭曉答案之後的驚喜。

左邊是鈴木樹咖啡師，右邊是在前一年獲得冠軍的中原見英咖啡師。身為學長的咖啡師將技術與心得傳授給晚輩，是『丸山珈琲』連霸的主要原因之一。

她所選擇的創意飲料是冰美式咖啡。這個選擇來自於她的想法：「不使用多餘的材料，純粹透過冰飲來享受Sin Limites的酸味」。

對所有細節與器具精挑細選的鈴木咖啡師。選出可以充分吸引客人的杯子跟餐具。

她出身於甜點學校，對於各種材料相當了解卻決定以精簡的方式來提供此飲品，我個人認為這是給我們看她的「展現大變化」的選擇。就萃取技術跟表達能力來看，在JBC之中進入前十六名的Barista之間的實力，並沒有太大的差距。

但她徹底追求「非這款咖啡豆不可」的過程與說明，對於飲

品的內容也沒有絲毫的妥協，總是貫徹「難得有好喝的咖啡，讓大家快樂享用」的思維。鈴木咖啡師成為日本第一位使用單品（產區豆／Single Origin）獲得冠軍的選手。這並不代表產區豆就比較好，但Barista堅持自己對一座莊園、一款咖啡豆的感情與熱誠，這種姿態與其品味能得到日本第一的讚賞評價，我認為是件非常有意義的事情。

2011年度WBC

2011年6月，在哥倫比亞的首都波哥大舉行。這是首次在咖啡生產國所舉辦的WBC，同時也誕生了世界第一位來自咖啡生產國的冠軍。鈴木參加這場值得紀念的大賽，並成功突破預賽成為決賽選手，得到了第5名的佳績。對於日本Barista的業界來說，是非常重要的里程碑。

冠軍Alejandero的競賽表現

冠軍是來自薩爾瓦多的Alejandro Mendez，他在比賽之中的表現可以說是技壓群雄。附帶果肉的咖啡豆、用咖啡花所製成的乾燥花、用咖啡果皮（Cascara）煮成的創意飲料，讓人透過飲品來體驗栽培的過程，展現出唯有咖啡生產國的Barista才會想到的表現手法。在義式濃縮咖啡的部分也是採用過濾之後飲用等獨特的理論跟世界觀。不論是談話或是作業內容，現場所有的一切都與咖啡環環相扣，給人被環繞於咖啡之中的印象。

這位Alejandro選手其實也參加過「丸山珈琲」中原英見咖啡師所出場的2010年WBC倫敦大賽，當時他進了準決賽。先前只會說西班牙文的他，在這次的大賽之中說出一口流利的英文，技術也大為進步。從作品的內容可以實際感受到他一年下來的努力與進步。

©Amanda Wilson

Alejandro所使用的道具，咖啡幼苗跟果實等，充滿與咖啡相關的物品。他的義式濃縮咖啡用過濾法來將Crema去除，展現出嶄新獨到的手法。

©Amanda Wilson

鈴木樹咖啡師的軌跡

WBC並非JBC的延長賽。規則雖然相同，但其中所孕涵的氣氛跟緊張卻是天壤之別。就中又以語言跟陌生的環境影響最大。

就算是日本大賽之中著名的決賽選手，站到WBC的舞台上如同無名小卒。跟態度稍顯輕鬆的WBC老牌選手不同，毫無知名度可言的日本選手孤軍奮鬥，面對極大的精神壓力。

雖然如此，鈴木咖啡師以天性明朗努力過人來克服這點。語言方面在當上日本冠軍之後，不眠不休地成長到可以回答簡單訪談的程度。

在這場大賽之中，鈴木咖啡師是唯一進入決賽的女性選手，在競技使用的哥斯大黎加Sin Limites莊園，透過三種酸味的變化來展現無懈可擊的演出，發揮了超出自己平常水準的實力。最為擅長的卡布奇諾受到司儀的讚賞，創意飲料時說明味道變化的演出讓評審跟觀眾看得目不轉睛。

鈴木咖啡師在預賽之中的名次只是勉強通過的第十一名，而準決賽之中所得到的分數卻是第二名，總成績為第五名。看到手上拿著獎盃的她，我在內心確信「鈴木咖啡師在比賽之中毫無後悔的展現出自己的一切」。

2011年度WBC的總評

在這場大賽之中，我們不斷看到高水平且讓人興奮不已的表現。特別是進入決賽的前六名選手，技巧精湛我覺得誰來奪冠都不奇怪。

那麼，到底是什麼因素讓這六個人分出優劣呢？

簡單總結評審的說明，答案是「Alejandro選手以全方位、結構性的方式來呈現咖啡，正是所謂的「From seed to cup」我個人對此看法完全認同。

Alejandro選手使用在自己國家所種植的咖啡豆以及各種相關的材料，以獨創性的手法來表達咖啡的魅力。

那麼不是咖啡生產國，無法就近觀察的日本與其他國家該怎麼辦呢？ 我深感這正是日本（他國）Barista必須好好朝此方向挑戰的重要課題。

參觀2011年度JBC預賽

2011年度JBC在2011年9月舉辦正式大賽前，在同一年度的7月下旬到8月舉辦預賽。幾乎每天都去參觀的我，第一個印象為「Barista的水準大有進步」。

五～六年前在我擔任評審的時候，因為超時而喪失資格的選手不在少數，竟還有人煩惱原材料不知採用哪個品種以及國家。但這次的預賽，幾乎所有Barista都在時間內完成競技，就算超時，也都只是幾秒之差而已。

更讓人印象深刻的是絕大部分的Barista使用的是競標豆等高品質的豆子。

另外，在整體水平提高的同時，讓人感覺到「Barista之間有著明顯的差異」也是這次比賽的特徵之一。

JBC本來的規則是在十五分鐘之內，提出義式濃縮咖啡、卡布奇諾、創意飲料等三項飲品。但因日本參加的人數較多，預賽之中縮短成十分鐘內提供濃縮咖啡跟卡布奇諾兩道飲品。時間較短，競技內容也減到兩個項目。濃縮咖啡與卡布奇諾這兩項飲品都不容易在外表展現出獨自的特色，因此也比較難以看出實力高低。

那麼在這些參賽者中，我所感受到的「明顯的不同」是什麼呢？ 答案是「如何充分利用十分鐘的時間」。也就是「想要表達什麼」跟「用什麼樣的手段來表現」。

預賽之中讓我印象良好的Barista，大多明確擁有自己想要表現的內容跟主題，因此好好下功夫利用這十分鐘的時間。

比方說預賽之中創意飲料不在評分項目之內，但許多Barista都特地花時間，製作屬於此項的飲品。

另外也有將義式濃縮咖啡或卡布奇諾冷卻、過濾之後再提供享受，或是改變造型來讓人品嚐，藉此強調自己所要表現的內容。

我個人認為他們並非想標新立異，而是仔細思考「如何在十分鐘之內充分表達自己的主張」之後，以這種方式做為方針的結果。

另一個明顯的差異，是準備的內容跟桌面上擺設，許多人都有如十五分鐘的比賽一般齊全周到。

如果只是要提供義式濃縮咖啡跟卡布奇諾，只要湊齊牛奶鋼杯、牛奶、托盤、抹布以及機器上方的咖啡杯即可。

但給人感覺越是高明的Barista的器具準備也越綿密細心。

從菜單到照片為始，備有咖啡果實或富有風味的材料樣品，甚至有人用French Press（法式壓濾壺）、AeroPress（愛樂壓）來配對，四處展現出大家的巧思跟創意。

「如何才能讓評審感到想表達的內容和熱情」。選手們對此深思熟慮之後的構想，全都濃縮在這十分鐘之內。

使用好材料來提供好的飲品。當然正確說明材料跟味道也很重要，但光是這樣並不充分。重要的是認真追求理所當然的要素之餘，同時兼顧「如何充分使用這十分鐘，怎樣去表現自己的熱情跟材料」。

過去擔任評審的我，總希求未曾體驗的感受。所謂的「未曾體驗過」，指的是先進、獨創且高品質的精品咖啡。怎樣才能在短短的十分鐘內讓評審享有這種體驗？請跟咖啡正面相對並好好思考這個問題。

Raul 選手用咖啡來煮出兩種茶，將它使用在創意飲料。他的技術極為迅速，真是天衣無縫。

2012 年度 WBC

2012年的WBC於6月12日在義大利的維也納舉辦，緊接著前年冠軍，薩爾瓦多的Alejandro選手之後，這年也由咖啡生產國的Barista獲得冠軍。

冠軍Raul的競賽表現

今年的冠軍是來自瓜地馬拉的Raul Rodas選手。他在2010年WBC大賽之中，以身為咖啡生產國的Barista榮獲亞軍。2011年他沒有參賽，然而在今年捲土重來並獲得冠軍。

在Raul選手的表現之中，有許多值得一提的部分。首先是技術方面，他的動作沒有任何粗獷之處，作業迅速且極為精準，就這點來看可說是比其他所有參賽者都高出一個等級。

Raul選手的表現，有許多值得一提的部分。首先在技術方面，他的動作毫無粗獷之處，作業迅速且極為精準，就這點來看在所有參賽者真是超人一等。

創意飲料則是用咖啡果皮（Cascara）和烘焙之前的半水洗、日曬、水洗的咖啡豆，以沖濾或鍋煮的方式製作。這個與濃縮咖啡組成的創意飲料宛如咖啡的豪華套餐。

鈴木樹咖啡師的競賽表現

日本代表的鈴木樹咖啡師，使用來自尼加拉瓜Limoncillo莊園的豆子來挑戰這場大賽。這款咖啡豆推翻了傳統日曬處理法的固有概念，亦即竟然呈現毫不像日曬豆般的乾淨度。鈴木咖啡師表達了這份乾淨度，究竟是何種手法才能製成的呢？並藉此傳達對生產者默默努力付出之敬意。同時她透過同一座莊園的不同批次「Delicate」和「Conventional」兩種豆子的對比，明確地展現其特色與魅力。

努力的結果，她從上次的第五名，成功奪取第四名的寶座。

柔和的表情跟語氣，鈴木樹咖啡師在比賽之中確實展現出她與生俱來的特色。

©Amanda Wilson

New Barista

日本的「新Barista」

有些Barista身為烘焙師、採購家、講師來展開活動，有些Barista則是擅長與人交談、為客人服務。在此介紹幾位我認為「他們正是代表日本的『新Barista』」的人物。

跟客人共享咖啡的感動與體驗

鈴木樹咖啡師（丸山珈琲）

2008年就職丸山珈琲。2010年、2011 年JBC冠軍。在WBC連續兩年打進決賽，得到2011年第五名、2012年則第四名的佳績。曾任『丸山珈琲』Risonare店店長，目前任職尾山台店。

©Amanda Wilson

我認為Barista是「咖啡的引見人」。一般來說義式濃縮咖啡常注重豆子的品質跟萃取技術，但我覺得重要的是杯中的美味咖啡跟舒適的服務——也就是周到的款待。

到海外拜訪咖啡莊園，當時我深深感到「對咖啡可不能光以『味美好喝』就完事。」。「好喝」背後一定有其理由。了解這些背景之後再來享用，可進一步體會享受其滋味。所以身為Barista，想要傳達且把我的感動與體驗跟客人共享。

我從2009年開始參加JBC大賽。這是全心全意跟一件事物、一種豆子正面相對的寶貴機會，讓我受益不淺。同時有機會發覺「自己不知道的太多了」。

直到大會前，對所有事一次次的自問「真的這樣就行嗎？」，反覆進行架構與破壞。此種做法雖然精神上的壓力不小，但唯有如此才能發掘自己「真正想要表達的事情」。

我的目標是世界冠軍的寶座。既然是世界冠軍，必然得擁有讓人想推舉的某種絕對要素。（例如風格）為此我會磨練「技術」與「心靈」，持續挑戰下去。但願我的這種姿態能刺激某些人想挑戰世界盃，或開始從事與咖啡有關的工作，希望自己將來可能成為他人的「指標」。

丸山珈琲 尾山台店
東京都世田谷區尾山台3-31-1
尾山台Guardian 101號室
03(6805)9975
http://www.maruyamacoffee.com/

阪本memo

我與鈴木咖啡師的相遇，是我在上一份工作ZOKA COFFEE任職的時候。當時的她雖然沒有過人的技術，但個性誠懇且非常注重禮儀，給我留下「非常優秀的員工」的印象。

在我轉到丸山珈琲的不久之後，聽說她也離職，我就問她「要不要來丸山珈琲一起共事」。面對這個必須要搬家的重大決定，她一口就答應。給了我「做事果斷，不放過機會」的印象。

與生俱來的個性使她在『丸山珈琲』身為Barista大展身手。在2010年的JBC，鈴木咖啡師是『丸山珈琲』的參賽者之中唯一進入決賽的選手。發揮出120%的實力遙遙領先其他冠軍候補，漂亮的奪下冠軍的寶座。另外能夠在2012年度WBC獲得第四名，也要歸功於她果斷的個性，以及臨戰不退，勇於取勝的精神。

由衷希望她再次以世界大賽為目標持續努力下去。我相信她絕對具有奪冠的實力。

注重基礎萃取技術，認真面對咖啡

齋藤久美子咖啡師（丸山珈琲）

2009 年就職於丸山珈琲。在2007年度JBC 與2011年度JBC之中得到第二名。目前擔任『丸山珈琲』HARUNIRE Terrace店長。與生俱來的溫暖笑容與溫和的個性得到晚輩們的信賴。

在萃取義式濃縮咖啡時我總是提醒自己，在客人第一口喝下時，就感到「真是好喝」的感覺。『丸山珈琲』所使用的咖啡豆品質良好而細緻。因此有些豆子有時必須喝下第二口才能感到美味好喝，這並不是負面的意思，但我還是盡可能的想要讓客人在喝下第一口的剎那，就感覺到該豆子馥郁的風味跟圓潤、均衡的口感。

要萃出好喝的濃縮咖啡，必須了解該豆子所擁有的特徵，以及其狀態的好壞。在萃取濃縮咖啡時若是出現不對勁的感覺，我會換用法式壓濾壺來沖泡。在店裡或許不方便進行杯測，但義式濃縮咖啡所包含的豆子的特性，就算是使用壓濾壺也能感受到。

綜合判斷，再來更進一步的思考如何沖出咖啡豆的特色。另外，將從中得到的體驗分享給客人，也是非常的重要。

在每天的各種業務之中，身為一位Barista我最注重的是萃取技術的基礎。必須掌握基本的技術，才能跟咖啡豆正面相對，萃取其中的特色。填壓時咖啡粉是否呈水平、咖啡粉是否散佈均勻、咖啡粉的粉量是否一定，甚至到現在，我依然一一確認，精準的完成。

我今後的目標是成為可以跟杯測師、採購家同等交談的Barista，要是能掌握像他們一般的知識，相信可以更進一步的將咖啡的樂趣跟其中的奧妙傳達給客人。為了達到這點，我每天不斷地努力學習，累積更加多元的知識。

丸山珈琲 HARUNIRE Terrace店
長野縣北佐久郡輕井澤町大字長倉星野2145-5
0267(31)0553

阪本memo

齋藤咖啡師最大的優勢，是身為一位優秀的Barista的同時，也具備管理店家與照顧店員的能力。一般在評估一位Barista時，分辨能力的重點都在其專業的技術上。但齋藤咖啡師卻不論是身為Barista還是店長，都具備管理每日銷售額近100萬日幣的咖啡店的能力。可以說是頂級Barista中非常罕見的案例。要營運如此規模的店家，除了身為Barista要動作迅速，擁有高度的作業能力之外，還必須得到部下的信賴，並且具有培育出一流之Barista的教育實力。長期以來在兼具多種能力的人物之中，她是我看過最為優秀的一位。

在我從事前一份工作時，就有機會跟齋藤咖啡師一起共事。不論是身為Barista還是經營者，她都不斷展現十分出色的成果。

與同仁一起深入展現咖啡的魅力

中原見英咖啡師（丸山珈琲）

2007年就職丸山珈琲。在2008年度JBC取得第四名，2009年度JBC獲得冠軍。在擔任小諸店的店長之後，以生豆採購家／Barista的身份展開活動，用擅長的英文跟世界各地的生產者進行交流。

精品咖啡的魅力，在於富有多彩多姿的風味。生產者精心栽培的咖啡豆擁有的「力量」，我總是希望可絲毫無損的萃取到杯中，將咖啡豆的魅力展現到極致。更希望對客人來說咖啡不只是咖啡，品嚐之後洋溢出幸福的感覺，打從心底覺得「還想再來、還想再次品嚐」。為了達到這點，服務是非常重要的。另外，將產地等豆子的背景介紹給客人，使客人增加對這款咖啡的興趣，甚至可使之感受到不同的滋味。

在我第一次訪問產地時，經歷了類似的體驗。2009年冬天前往瓜地馬拉的產地時，以前只聽過莊園名的咖啡豆，搖身變成自己認識的生產者的精心之作。其風味似乎和生產者認識前也大有不同。

另外，在第一次拜訪的陌生地，當地接待人對我說「見英咖啡師在大賽（JBC）中使用瓜地馬拉的豆子，沒有比這更讓人高興的」，我一輩子都不會忘記這句話。當時我深深感到「由這麼好的生產者精心栽培出的咖啡豆，將這份美味提供給客人是我們Barista的使命」。正因有這次的體驗，使我在2009年的JBC之中用瓜地馬拉豆子奪取了冠軍。

我最近以採購家的身份輪流拜訪世界各國的產地。我想和同事們共享這此資訊，大家同心協力把咖啡的魅力傳達給客人——為此每天摸索著最好的傳達方式。

丸山珈琲 小諸店
長野縣小諸市平原1152-1
0267(26)5556

阪本memo

中原咖啡師在2009年度的JBC獲得冠軍，我認為她當時的技術，做為Barista稱不上是出類拔萃。但是在高手雲集的決賽之中，她在「表達自己的感受」方面充分發揮實力。

對於她的「善解他人的想法，並加上自己的感受來充分表達」的態度，我自己也深受影響。與她一起進行培訓時的經驗，觸動我的心弦，激起自己提高身為Barista培練師的專業意識。

中原咖啡師現在的工作已擴大到採購的方面。精通各國語言且擅長與人溝通，又有「善解人意」的一面，相信可以幫助她成為優秀的採購家。

從Barista轉成採購家的動向在歐美很常見。但她可說是日本的第一個例子非常期待她今後更加地活躍。

希望將咖啡豆的一切完整萃取

櫛濱健治咖啡師（丸山珈琲）

在『ZOKA COFFEE』任職之後，於2010年轉到丸山珈琲。2009年參加JLAC（Japan Latte Art Championship）獲得冠軍，2010年第三名、2011年第二名，之後也持續入圍。在2009年度JBC留下第三名的佳績，目前在丸山珈琲小諸店。

身為一位Barista，我在萃取濃縮咖啡時一心專注如何把咖啡豆所擁有的完完整整萃取出來。要達到這點，必須更進一步了解各種豆子的特色，與咖啡正面相對。在『丸山珈琲』除了義式濃縮咖啡之外，還會透過法式壓濾壺與杯測，用三種不同的觀點來了解一款咖啡，每天都有新的發現。

另外，我平常重視的是除了萃取好喝的濃縮咖啡提供之外，還要配合客人的身體與心理狀態來推薦，好好地將咖啡的價值與魅力傳達給客人。比方說同樣是卡布奇諾，夏天與冬天可稍微改變溫度，或是透過對話來掌握客人的喜好，時而用簡單的方式說明一下客人面前的咖啡等。我認為Barista的工作必須包含上述的一切，才算提供一份完美的商品。

我現在每天正努力學習如何正確的做好杯測。開始在『丸山珈琲』工作後，越學越想了解原材料等和咖啡有關的事情。我現在的目標是想親自進行烘焙。我認為越深入了解原料的部分，可以更加活用在萃取之上。

丸山珈琲 小諸店
長野縣小諸市平原1152-1
0267(26)5556

阪本memo

我認為櫛濱Barista是「在日本能夠打出最優質的奶泡的Barista」，任何技術他都能掌控自如。

本書介紹卡布奇諾的章節，以他的整套技術與理論為基礎所構成。因為有關奶泡的各種理論，他可說是最瞭若指掌的了。

卡布奇諾（包含拿鐵）是日本最常飲用的濃縮咖啡飲品。既然卡布奇諾之中有80%是牛奶，能夠將奶泡品質提升到極限、自在的掌控，的確是一項非常了不起的能力。

在JLAC日本預賽與第一屆JLAC大賽連續兩年獲得冠軍的櫛濱咖啡師，我認為他最大的本領，不只在於拉花能力，而是理解牛奶的溫度跟質感等所有要素，能將其調製到對咖啡來說盡善盡美的狀態。

也應注目讓咖啡豆個性更為多元的綜合豆

岩瀨由和咖啡師 （REC COFFEE）

在2011年度JBC之中得到第三名的岩瀨咖啡師（右），左邊是共同經營者的北添修先生。兩人是愛知縣大學的同學，2008年以移動式來販賣咖啡，目前在福岡市內擁有三家店。兩位同時也都以專門學校的講師身份活躍著。

我到目前為止參加過四次JBC大賽，今年春天以日本代表的身份前往新加坡參加FHA咖啡師大賽（FHA Barista Challenge）。在『REC COFFEE』我們獎勵員工去挑戰各種比賽，藉此驗證自己的技術是否正確、介紹說明的方法是否確實給客人帶來享用咖啡的樂趣。

在2012年的預賽之中，我用衣索匹亞跟哥斯大黎加的COE競標豆做配方，提供飲品。近年的潮流完全傾向於單一品種的產區豆。但我個人認為若是清楚掌握豆子的個性來組合，配出超越產區豆的風味，大家應該也會理解綜合豆的好處。在精品咖啡出現之前，常組配不同產地的豆子，以彌補各自的缺點。

我認為今後尊重各個品種的個性，來擴展多彩的風味將成為未來的「新綜合豆」。為此必須確實掌握各種豆子的特徵。因此所有品種的豆子，我除了用法式壓濾之外，也用義式濃縮咖啡來將隱藏在內的酸味跟甜味萃取出來。另外透過科學性的理論，看豆子在烘焙後第幾天的風味最是濃郁等，將過去只靠感覺來掌握的各種資訊數據化。

將來的目標是希望自己的店鋪都擁有更多優秀的Barista，為此不論在日常作業或是在比賽時都得不斷地挑戰下去。

REC COFFEE 藥院站前店
福岡縣福岡市中央區白金1-1-26
092(524)2280
http://rec-coffee.com/

阪本memo

岩瀨由和先生是一位才華洋溢，非常優秀的Barista。尤其是這一、兩年，有著非常驚人的進步。我認為促使他成長的主要原因不光是他所擁有的天分，同時也來自於他所處的環境。

本書所介紹的Barista之中，岩瀨咖啡師是唯一的創業者。他身為Barista的同時也是老闆，背負著公司與員工的命運，這種使命感讓他不斷地成長。

投資的時間與金錢全都來自本身的血汗，一分一秒都不能浪費，這種原動力驅使之下，讓他突飛猛進。

2011年的JBC大賽角逐冠軍獎盃的岩瀨咖啡師得到第三名。每次參加比賽，他都獲得勝過上次的佳績。非常的期待他再度超越上次的成績，取得更好的成果。

介紹精品咖啡的美味給更多人

山本知子咖啡師（Unir）

右邊是山本知子咖啡師，左邊為Unir 的負責人／烘焙師的山本尚先生，兩人為夫妻。山本咖啡師是2011年度JBC 的決賽選手，排名第四名。在Unir 則是擔任首席咖啡師／總經理，另外也在專門學校以講師的身份活躍著。

我在京都跟先生一起經營專門販賣精品咖啡的專賣店。為了讓大家可以輕鬆享受到美味的精品咖啡，我們去年在京都市內開了一間咖啡廳。這家咖啡廳只提供COE等級的高品質產區豆。希望讓大家享受到多彩的風味，以及其每天所出現的微妙變化。除了提供咖啡之外，希望透過參加咖啡教室或是一些與咖啡有關的活動，將精品咖啡的美味引見給更多的人。

不論對濃縮咖啡還是對一位Barista，基本都是在於義式濃縮咖啡的萃取技術。萃取後進行品嚐，反覆進行這個步驟來調整到理想的狀態，並提供給客人。話雖如此，本店自從在去年引進Loring Smart Roast這款大型烘焙機之後，比以前更容易感受到馥郁的風味，讓我實際體會到烘焙的重要性。

從2007年開始，我每年都會參加JBC大賽。參加比賽除了讓我對咖啡有進一步的理解之外，更能深入體會大賽的每個動作、每項作業所代表的意義，這一切都讓自己有所進步，並且同時延伸到提供更好喝的咖啡給客人。我心中的理想之Barista，正是大賽所標榜的「精品咖啡的親善大使」。2011年的JBC獲取過去以來最佳的第四名，但在「這就心滿意足了嗎？」的心情使然之下，2012年再次挑戰。Unir店內的晚輩們漸漸茁壯成長，我身為首席Barista，一邊以團隊為重，一邊也讓自己朝更高的目標前進。

Unir 京都御幸町門市（Café & Coffee Labo）
京都府京都市中京區御幸町通御池下Ru大文字町341-6
075(748)1108　http://www.unir-coffee.com/

阪本memo

30、40歲的女性或主婦嚮往Barista這項職業的想法是否不切實際？山本咖啡師以身作則的做出證明。

山本咖啡師身為一位主婦擁有自己的家庭，又每天在『Unir』店裡工作。甚至還挑戰JBC這項高難度的大賽，得到160位Barista之中六位最為優秀的決賽選手的稱號。

她所擁有的優勢並非過人的感性或天分，而是「比別人更加努力的態度」。她先生也非常支持她的夢想，盡可能的協助她成長。夫妻之間的信賴關係，也是促使她更上一層樓的原動力。

身為Unir的總經理兼首席Barista，我由衷期待山本咖啡師能夠有更進一步的表現與發展。

想提供「現在」風味絕佳的咖啡

竹元俊一咖啡師（Coffee Soldier）

1977 年出生於鹿兒島。曾是點心師傅，後來進入井ノ上珈琲有限公司，2006、2008 年度JBC的冠軍。在當時任職的『Voila 珈琲』也進行烘焙作業。在2012 年於鹿兒島市內開設自己的店舖。

義式濃縮咖啡與科學實驗相當類似。同一款豆子，每次的萃取都呈現不同的變化，而且這些變化全都可以濃縮到一杯咖啡之中讓人感受到。「為何如此變化多端？」，當上Barista已過了十年了，但每次一想到這個問題，依舊讓我興奮不已。

我認為對咖啡來說最為重要的是，進行杯測包含義式濃縮咖啡在內。萃取時讓熱水均勻的通過咖啡粉固然是很重要，但當下的氣候跟咖啡機的狀態等環境因素的變化，都會讓咖啡的味道突然發生變化。這是義式濃縮咖啡最為困難之處，也是最有趣的地方。

到目前為止，我曾經兩次拜訪產地。每次前往，都讓我對咖啡的概念產生變化。

親身體會到咖啡豆是種農作物的同時，更覺得「非常費工夫的豆子，也是因緣際會才來到我的手中」，實在是非常的神奇。身為一位Barista在使用豆子時，我希望自己時時刻刻都不忘，生產過程中所隱藏的辛苦。杯測時得到高分的咖啡，大多與客人的評價成正比，但我秉持「由客人來評價何謂好喝的咖啡」的原則，想要提供顧客「現在，這剎那感到好喝的咖啡」。

在David Schomer的影響之下，我的夢想是開一家Coffee Stand。很幸運的在2012年，終於在鹿兒島市內開設自己的店舖。希望能夠以此為據點，更進一步的推廣義式濃縮咖啡的美味。

Coffee Soldier
鹿兒島縣鹿兒島市東千石町17-9 松清大樓 1F

阪本memo

我們認識於竹元咖啡師以日本代表參加2006年WBC瑞士大賽之前。正式跟他深交是在2008年的丹麥大賽，他任命我做為首席培練師的時候。

竹元咖啡師具有的最大優勢，是他身為Barista的技巧跟速度，也就是身為Barista所應具備的「身體能力」。雖然被他指定為培練師，一起在WBC之中挑戰，但很遺憾沒能突破預賽。根據我個人的感想主要的敗因是「如此能力高強的Barista連預賽都無法突破，乃因身為培練師的我，不了解在WBC之中取勝的戰術」。「世界跟日本的比賽所要求的戰術完全不同，若想以世界為目標，必須收集資訊做好充分的準備才行」，竹元咖啡師的優秀能力，是讓我找到這個答案的契機。

之後竹元咖啡師開始著手烘焙，累積相關的經驗，又有機會拜訪產地，大大增長廣泛的視野。我個人非常希望能與現在的竹元咖啡師，再一次挑戰WBC。

與客人面對面的吧台最重要

西谷恭兵咖啡師（COFFEEHOUSE NISHIYA）

1979年出生於日本埼玉縣。在點心師、廚師、客服的領域累積經驗之後，進入Barista的行業。在東京的『Lo SPAZIO』『AUX BACCHANALES』服務之後，於2008年轉到『BARiL PRiMARiO』擔任店長。2004年於JBC取得亞軍。

我希望將義式濃縮咖啡當作日常飲料提供客人享用。這種外來文化，對客人來說也許並不熟悉，但還是希望做個改變讓濃縮咖啡融入大家的生活之中。我並不會主動向客人推薦說「其實濃縮咖啡是好喝的喔」。幸好義式濃縮咖啡（Espresso）一詞已經普及到某種程度，只要在客人問我「何為義式濃縮咖啡？」時，我才會做出回答、提供建議，讓客人以自己的步調來享用。

據說義大利人說「在自家附近、工作地點和兩者之間的咖啡店，各有「Mio（my）Bar」，並找出自己最喜歡的Barista」。也就是說義式濃縮咖啡重要的不是在哪裡喝，而是由誰來萃取。這也是我對義式濃縮咖啡所抱持的想法。怎樣提高自己的人品，讓客人享用我所沖製的飲料，我認為是最重要的事。

為了達到這點，我認為站在吧台外面的時間非常重要。時時刻刻注意自己的言行舉止、服裝外表，365天都是Barista也是企業人士、身為一個人的角度，來做好自己的內外。我的出發點就是「與客人面對面」因此跟客人相遇的吧台最為重要。希望將來開一間以吧台為主的店鋪，將目前累積的一切化為有形的結果。另外也希望舉辦與Barista相關的服務、咨詢、經營方面的培訓，來造就新的人才。

COFFEEHOUSE NISHIYA
東京都澀谷區東1-4-1 1F
03(3409)1909

阪本memo

本書屢次提出「將重點放在原材料身上對Barista來說非常重要」。不過這當然不是Barista的一切，既然是與客人接觸的職業，客服這個領域對Barista來說，是絕對不可缺少的技能。

在此介紹西谷咖啡師，是想要讓大家認識在服務、款待客人方面擁有日本最高水準的Barista。

他能確實理解客人的需求，按照客人的期望來提供商品跟服務，提高對Barista之職業的信賴與社會地位。

只要讓西谷咖啡師服務過，就能親身體會日本第一的服務水準。說出當時自己想喝的東西，他就會沖製出最為合適的飲品。

西谷咖啡師所服務的地點不是以販賣咖啡豆為主，但我希望任何接觸豆子的Barista，或從事販賣豆子的Barista能學會像他這樣專業的客服能力，一定對整個咖啡業界有所幫助。

目標是做為「大使」來傳達咖啡

菊池伴武（NOZY COFFEE）

左邊是菊池咖啡師，中央的能城正隆先生是NOZY COFFEE的代表，右邊是佐藤公倫先生。菊池咖啡師曾經在『星巴克』『珈琲屋Maple』任職，現在轉到NOZY COFFEE。2010年JBC 大賽的決賽選手，得到第五名的佳績。

我們『NOZY COFFEE』的目標，是如同「咖啡大使」般的存在。這也可以說是從生豆到烘焙、萃取等最終階段的知識全部樣樣具備的咖啡專家。比方說客人想要買豆子的時候，向沒有相關知識的店員購買，跟向有如侍酒師一般具備綜合性知識的專家購買，兩者的價值完全不同。因此在本店所有人都會萃取，基本上也會烘焙。或許像這樣專精於咖啡的人員，應稱為Barista。但只要Barista這項職業可得到確立，我認為使用不同的名稱也無所謂。

不論萃取還是烘焙，我們第一個會去注意的，將精品咖啡之生豆所擁有的特色與其魅力盡可能在毫不流失的狀況之下萃取。

身為Barista須確實理解其特色，以「具有意識的咖啡」為目標來進行萃取。其中又以杯測最為受到重視。不論烘焙還是萃取，一切都必須以杯測為基準，Barista與烘焙師之間的對話，也是透過杯測這座橋樑來進行。

為了盡可能將精品咖啡的資訊傳達給客人，我們每天認真上班且時時自問是否誠實面對豆子的特性。

NOZY COFFEE
東京都世田谷區下馬2町目29-7
03(5787)8748
http://www.nozycoffee.jp/

阪本memo

菊池伴武先生是位非常聰明且具有探求心的Barista。對於各種事物非常關心，總是熱心的吸收各種知識，讓自己更上一層樓。菊池咖啡師最值得一提的，是那進行介紹與表達的能力。

就算擁有大量的知識與資訊，若是無法用他人可以理解的方式表達，就沒有任何意義。這點菊池咖啡師擁有過人的「表達能力」，他非常了解聽眾對什麼有興趣，怎樣表達才能讓人確實理解，依此進行高水準的演出與介紹。

菊池咖啡師最近將活動的重點放在拜訪產地，累積相關經驗的同時也進行烘焙、學習英文。從具有高度表達能力的Barista，開始飛躍成長的他，是將來最受期待的Barista之一。

以講師的身份來介紹咖啡的「美味」

村田Saori（UCC咖啡學院）

曾在UCC直營店打工、後任UCC咖啡博物館之館員，於2008年就職於UCC Holdings Co.，Ltd.，成為UCC咖啡學院的講師。2008、2010年度JBC，2010、2011年度JLAC的決賽選手。

在UCC咖啡學院擔任講師一職，轉眼之間已經過了五年。擔任講師之前，我曾在UCC咖啡博物館內擔任博物館員。當時所遇到的事物，不只從中學到許多知識與經驗，更成為我今日的原點。直到現在，過去的經驗依舊促使我努力往前，同時造就了我面對咖啡的態度。

當初只負責義式濃縮咖啡部門的講師，我不斷累積知識、取得各種執照、前往現場實習自我提升。所以現在晉升到擔任各種咖啡基礎知識的講習。當然現在我持續學習，提升自己的技能意味著萃取出來的咖啡品質也會提高，如果能傳達多元的美味與其中的理論給他人，可讓更多人了解咖啡的深奧妙義。

我每年都參加JBC大賽。參賽除了使自己能獲益良多之外，同時可以身作則讓嚮往當Barista的學生們奮起——「有志者事必成」。我祈盼今後能和他們共同使咖啡業欣欣向榮。

身為講師，一般我活動的場所在教室，但也會到JBC等公開場所來做為「傳達咖啡之美味的人」。就算跟在店內服務的Barista形態有所不同，對咖啡所抱持的信念與熱情，應該都是一樣的。

UCC咖啡學院
兵庫縣神戶市中央區港島中町6-6-2
078(302)8288
http://www.ucc.co.jp/academy/

阪本memo

如果說Barista這份職業，必須站在店內為客人提供咖啡的話，村田小姐是否能被稱為Barista，或許有待討論。因為她在店面服務的時間很短。但以她對這份職業的啟蒙跟發展方面的貢獻來看，我認為村田咖啡師所扮演的角色，絕對不可忽視。以她所任教的UCC咖啡學院為首，村田咖啡師在許多專門學校跟公開會場傳授咖啡的知識，Barista這項職業所須的講習跟訓練。許多人在她的培育之下成長為獨當一面的Barista。

對Barista而言站在店內提供服務來增加自己的粉絲，固然是重要的事。但目前Barista這職業的認知度跟整體的水平、社會地位都還不算高，能夠傳授咖啡與Barista相關知識的村田小姐，對普及和啟蒙此行業是個不可缺少的存在。

我的職業基本上也是培練師而不是「Barista」，因此在她身上也看到了自己的身影，由衷希望她能致力於培訓活動，培養出更多技藝超群的Barista。

Barista培練師阪本義治的Q&A

Q 跟義式濃縮咖啡是怎麼相遇的？

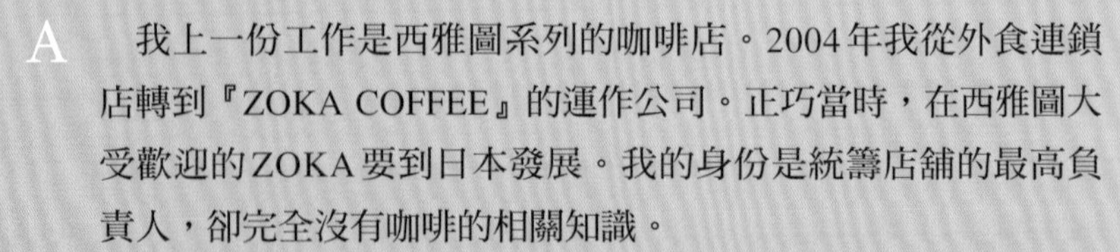

A 我上一份工作是西雅圖系列的咖啡店。2004年我從外食連鎖店轉到『ZOKA COFFEE』的運作公司。正巧當時，在西雅圖大受歡迎的ZOKA要到日本發展。我的身份是統籌店舖的最高負責人，卻完全沒有咖啡的相關知識。

到西雅圖實習時，幸好有機會接受濃縮咖啡的訓練。教授陣容十分可觀，包括現在的COE（Cup of Excellence）首席評審的Sherri Johns等大師們。她說「在義大利，義式濃縮咖啡是一種『文化』」，當時的教學內容已強調原材料之品質的重要性，讓我了解CEO品質的豆子跟產區豆萃取出來的義式濃縮咖啡有多麼的美味。但當時的日本，尚未出現傳授教導相關知識的人物，在使命感的驅使之下，我率先與咖啡界的人士進行交流，結果得到許多烘焙師的贊同。此時對此最為關注的是『丸山珈琲』的丸山健太郎先生。

右邊是著者，在西雅圖與ZOKA 的烘焙師跟採購家們一起討論日本將要引進的豆子，並實際進行杯測。

Q 之後是怎樣成為Barista培練師呢？

A 在『ZOKA COFFEE』時，另外負責培育公司內的職員跟打工的Barista。

其中包含齋藤久美子咖啡師與櫛濱健治咖啡師。兩位當時已經在JBC等大賽之中取得佳績，受到多方的矚目。我身為他們的培練師來協助他們。另外由於我擔任JBC首席評審等受到認同與評價，漸漸有人委託我替他們培訓指導。

之後我在2007年進入『丸山珈琲』工作，得到丸山健太郎先生的賞識，正式開始以Barista培練師的身份展開活動。

許多著名的Barista培練師都是大賽冠軍出身，沒有參賽經驗的我擔任培練師的確是罕見的。

Q 委託你培練Barista的有哪些地方？

A　與咖啡相關的企業或機械商、烘焙廠商、中小咖啡店等等。其中來自烘焙廠商的委託最多。有人想要了解義式濃縮咖啡跟Barista的情況、或買了義式咖啡機卻不知道該怎麼使用等，大家的理由各不相同。烘焙師對於原材料比較有興趣，也比較能理解品質的重要性。最近有不少屬於烘焙商的人參加JBC大賽，他們也請我去幫忙做大賽前的培訓。

Q 咖啡大師競賽的培訓是什麼樣的內容？

A　為了順應大賽所進行的訓練，是以實踐操練為主，諸如研商該使用什麼樣的原材料，演出時該涵蓋的信息內容等等，由培練師跟Barista一起同心協力構築出具體的內容。在本書的「Barista的培訓課程」之中曾提到，除了為了提高Barista本身的技能之外，還有提高店內咖啡品質的目的存在。不過就實際來看，兩者並沒有太大的差別。

「為參加大賽所進行的訓練」這種說法彷彿大賽時的作業跟平時的萃取作業有所出入般的印象，但其實是天大的誤會。朝向大賽的培訓過程，的確能提高Barista的各種技能到登峰造極，但確實也與平常的操作連貫互動。因此我才建議Barista積極的去參加比賽。每次有人委託我去訓練Barista進行參賽的準備，我都感到非常的高興，因為「又有一位優秀的Barista誕生，能夠萃取美味濃縮咖啡的店家也增加了」。

在愛知縣『珈琲通 豆蔵』進行教學的樣子。

Q 客戶有多少人？

A　我的客戶在日本全國有七～八家公司。從Barista的基本訓練到參加JBC大賽的準備，內容並不一定。在咖啡大師競賽的前夕等巔峰時期。每兩～三天會移動日本各地到處從事培訓工作。

Q 訓練的次數跟頻度呢？

A　在大賽前夕進行幾天的密集訓練，或是以幾個月為間隔來進行長期的訓練等等，按照客戶的需求來配合。

Q 有沒有機會培訓『丸山珈琲』的員工？

A　我會前往丸山珈琲的各個門市時給他們提供建議，但是對於公司內二十位左右的Barista，並沒有進行固定的培訓。不過某位Barista確定要參賽時，就開始展開相關的培訓課程。

但對他們而言每天能用本公司的丸山先生在產地直接採購的世界最高水準的豆子，這本身應該就是非常有價值的訓練。

在JBC 2009之中，陪同中原見英咖啡師參賽的筆者。

Q 您身為培練師特別注意什麼？

A　「Barista培練師」一詞，給人類似「技術指導」的印象較強，但我本身深感這份工作比較接近「咨詢兼顧問」的性質。Barista有所成長，義式濃縮咖啡的品質穩定可靠，該店家正常運作的要素圓滿達成為止，都在我的責任之內。讓所有參與訓練的人了解有關Barista和濃縮咖啡的各種事情，成為「一個團隊」往前邁進。我認為為此而不惜餘力是Barista培練師應盡的職責。

Q 要讓團隊成功運作似乎要經歷許多苦難。

A　我曾經遇到團隊內部的想法無法統一的情況。這時必須跟擁有決定權的人私下討論，提出替代方案，盡可能地改善狀況。

Barista培練師除了必須對「Barista」與「義式濃縮咖啡」具備充分的知識，也需要了解杯測跟烘焙。因為接受培訓的人來自各種領域，要是團隊內部的想法無法一致，必須傾聽大家以各自立場所表述的意見，且理解這些內容來與他們交談。為了不讓自己受多方意見左右，我會一直探討思考「彼此的交叉點在哪裡」。

透過專用的器具來檢查濃縮咖啡的筆者。對咖啡師進行訓練的場景之一。

Q 立志成為Barista的人越來越多
對於日本的Barista有什麼想要說的嗎？

A　首先我要對各位Barista說「隨著原材料Barista的世界將無限擴展」。要萃出令人滿意的濃縮咖啡，原材料的生豆必須擁有良好的品質。比較容易讓人誤會的是，從生豆到一杯咖啡的過程之中，原材料所擁有的潛能絕對不會提升。這點透過米、酒、肉等咖啡以外的材料已經得到證明。

我所在職的『丸山珈琲』的Barista之中，包括曾在2009年度JBC獲得冠軍的中原見英、在2010、2011年度JBC獲得冠軍的鈴木樹、以及齋藤久美子、櫛濱健治等在咖啡大師競賽之中榮獲佳績的Barista們。中原咖啡師現在朝向採購家的方向、齋藤成為店長、櫛濱則是在製造部門學習。我建議以Barista為起點，再進入咖啡業的各種領域或職位，是很理想的。因為Barista直接跟消費者接觸，可以成為「了解客人想法」的烘焙師、採購家、培練師。

如同先前所提到的，Barista是「咖啡大使」。將咖啡提供到客人眼前的是Barista。將材料和其重要性好好地介紹，能正確萃取傳達其美味給客人的才算是Barista。我理想中之Barista的陣容正逐漸增加，而培育出這種人才的正是我的工作。但願透過我的培訓課程激發大家察覺「Barista是傳達咖啡『從種子到杯子（From seed to cup）』之絕妙者」。

結語
～致所有的Barista，以及嚮往當Barista的人～

老實說，以前的我並不喜歡喝咖啡。直到因為工作需要，才在西雅圖喝下某位Barista所沖煮的一杯卡布奇諾，跟用法式壓濾壺所泡的COE得獎批次的一杯咖啡。這是我人生第一次碰到覺得好喝的咖啡。這次的體驗完全推翻了我「咖啡是不好喝的飲品」的觀念。

愛上咖啡，對咖啡感到興趣之後才發現，特別是在日本咖啡的地位其實非常的低。高級餐廳最後附上的咖啡一點都不好喝，咖啡廳所提供的卡布奇諾只有牛奶跟肉桂的味道……

有一次我忽然轉眼看了一下咖啡機，磨豆機豆槽中的豆子被烘培得黑到不能再黑。看到那油膩膩的豆子，覺得這樣的話咖啡怎麼可能好喝。

在前一家公司工作時，客戶甚至會說「不管味道如何，先跟我說價格」「〇〇元以上的買不了」，讓我深深體會到一般人對咖啡的認識，仍舊屬於被廉價叫賣的商品。為了改變現狀，向大家傳達咖啡真正的美味，我覺得首先得確立Barista這職業，並有待他們的活躍。

「優質美味的咖啡確實存在，雖然數量不多，已漸漸進口到日本。接下來只要Barista具有正確的技術與知識，選用好的咖啡豆以良好的狀態供應。享用過的客人就會打從心底感覺咖啡是風味絕佳的飲料，進而提高咖啡的存在價值。」

這是我所描繪的理想。

就如同廚師不可以沒有材料的知識一般，Barista一定要學習咖啡的相關知識。但Barista不像廚師，沒有很大的空間可以發揮。最後呈現的味道好壞，絕大部分取決於原材料之優劣。

非常遺憾的，很多人還沒有發現「品質粗劣的原料無法泡出美味可口的咖啡」。關於這點我還不太成熟，有待精益求精努力向學。

我寫這本書的契機，是希望對沖製咖啡、將咖啡之美味轉達客人的Barista，提供一些有所助益的內容。

我理想之中的Barista，與義大利式Barista如酒保一般的工作性質略有不同。

在店裡提供的酒類和菜餚，隨各自之工作環境須有配合客人之應變能力。但對於義式濃縮咖啡來說，Barista絕對重要的卻是對原材料的咖啡鍥而不捨的能力。

另外，我理想中的Barista，並非可以描畫出漂亮的拉花的人。而是對咖啡豆的品質有所理解，以最佳的狀態沖煮之後介紹給顧客的人。

美麗的拉花足以吸引客人，具有迷人的效果。但這只是Barista技能的一部分，更重要的是咖啡本身的味道和品質。絕對不可為了精緻的圖案，而犧牲咖啡本身的味道。

隨時不忘以上進的心來提高咖啡品質，不可只追求表面上的事物，每天致力追求咖啡與其品質，這才是Barista應有的姿態。

我認為義式濃縮咖啡是最能表現咖啡風味與特色的方法。也就是說Barista是唯一可以將咖啡風味萃取並提供給客人的職業。同時亦是能讓不喜歡或覺得咖啡都一樣的人，不了解咖啡本身富有甜味及各種不同風味的人，真正感受到咖啡之美味的職業。我盼望具備此種風範的Barista日益增加，因而動筆寫作這本書。即使這本書脫稿結束，我依然會不忘初衷，孜孜不倦地每天努力下去。

Special Thanks

DCS股份有限公司
兵庫縣西宮市甲子園口4-22-22　tel 0798（65）2961
http://www.dcservice.co.jp/

TOEI工業股份有限公司
東京都大田區多摩川2-18-4　tel 03（3756）5011
http://www.toei-inc.co.jp/

珈琲通 豆蔵
愛知縣岡崎市細川町字長根38-4　tel 0564（45）1088
http://mamezocoffee.com/

丸山珈琲 小諸分店、烘焙工廠、辦公室
長野縣小諸市平原1152-1　tel 0267（26）5556
http://www.maruyamacoffee.com/

丸山珈琲 尾山台店
東京都世田谷區尾山台3-31-1尾山台Guardian 101號室　tel 03（6805）9975

丸山珈琲 HARUNIRE Terrace店
長野縣北佐久郡輕井澤町大字長倉星野2145-5　tel 0267（31）0553

REC COFFEE 藥院站前店
福岡縣福岡市中央區白金1-1-26　tel 092（524）2280
http://rec-coffee.com/

Unir 京都御幸町門市（Café & Coffee Labo）
京都府京都市中京區御幸町通御池下Ru大文字町341-6　tel 075（748）1108
http://www.unir-coffee.com/

Coffee Soldier
鹿兒島縣鹿兒島市東千石町17-9 松清大樓 1F

COFFEEHOUSE NISHIYA
東京都澀谷區東1-4-1 1F tel 03（3409）1909

NOZY COFFEE
東京都世田谷區下馬2-29-7　tel 03（5787）8748
http://www.nozycoffee.jp/

UCC咖啡學院
兵庫縣神戶市中央區港島中町6-6-2　tel 078（302）8288
http://www.ucc.co.jp/academy/

後記

感謝在撰寫「Café & Restaurant」（旭屋出版）時，對連載內容與在寫作本書時，鼎力支持的『丸山珈琲』代表，同時也是我最尊敬的咖啡人・丸山健太郎社長。

感謝連載時提供協助的『丸山珈琲』的櫛濱健治咖啡師、齋藤久美子咖啡師、中原見英咖啡師、鈴木樹咖啡師，以及協助拍攝的中山吉伸先生，在執筆時分擔我本來的業務，讓我有時間寫作的關口學先生。另外也感謝『丸山珈琲』所有同仁所給我的各種助力。

感謝Fritz Storm提出Barista Camp這個美好的企劃，讓我認識許多優秀的Barista。

感謝身為社長業務繁忙中，不惜時力提供機器方面資訊的DCS（股）的左野德夫社長。以及為我們提供相關機器的信息，以畝崗智哉為首的TOEI工業的各位。

感謝岩瀨由和咖啡師、村田Saori咖啡師、菊池伴武咖啡師、竹元俊一咖啡師、西谷恭兵咖啡師、山本知子咖啡師等優秀的Barista，以及他們所屬的公司樂意接受我們的採訪。另外也感謝在Barista培訓教學之中，接受我們採訪的『珈琲通 豆蔵』的柴田貴幸社長、山村高宏咖啡師、佐佐木理紗咖啡師。

感謝在教育、培訓方面提供建議與資訊的松尾昭仁先生、提供WBC資訊並協助翻譯資料的松原大地先生、提供WBC創設經過與歷史等相關資料的Justin Metcalf先生。

感謝以前田和彥編輯長為首的旭屋出版的員工，讓我這個後生晚輩有連載的機會。

感謝拍攝許多美好照片的是枝右恭攝影師、菊池陽一郎先生、川島英嗣先生、提供許多大賽相關照片的Amanda Wilson、負責日本的「新咖啡吧台師」訪談內容跟文章的仲川僚子小姐、陣內研治先生，武藤一將設計師。

感謝為台灣出版協助翻譯，竭盡心力的明石薰小姐與明石雅子小姐。打從心底感謝擔任本書編輯的稻葉友子小姐，為本書所有的內容所付出的努力，這次給她添了不少麻煩，深深致謝。

感謝為了完成本書而付出時間、給予聲援的所有人，本書的執筆作業到此結束。

最後感謝您閱讀本書，謹致最高謝意。

丸山珈琲
阪本義治

PROFILE

阪本義治（Sakamoto Yoshiharu）

丸山咖啡統籌策劃兼咖啡師指導員。於ZOKA COFFEE任職之後轉到丸山咖啡。目前負責研習活動的企劃、營運跟丸山咖啡4間店面的統籌管理，另外也在公司內外進行咖啡師教學訓練。培育出許多JBC（Japan Barista Championship）決勝選手。所屬於丸山咖啡的咖啡師之中，在2009年取得優勝的中原見英咖啡師之後，2010年與2011年也由鈴木樹咖啡師在JBC取得優勝。連續3年培訓出優勝選手的手腕受到多方矚目。

丸山咖啡
http://www.maruyamacoffee.com/

TITLE

咖啡吧台師的新形象 頂級職人淋漓盡致咖啡調理技術

STAFF

出版　瑞昇文化事業股份有限公司
作者　阪本義治
譯者　高詹燦　黃正由

總編輯　郭湘齡
責任編輯　黃雅琳
文字編輯　王瓊苹　林修敏
美術編輯　謝彥如
排版　執筆者設計工作室
製版　大亞彩色印刷製版股份有限公司
印刷　桂林彩色印刷股份有限公司
法律顧問　經兆國際法律事務所　黃沛聲律師

代理發行　瑞昇文化事業股份有限公司
地址　新北市中和區景平路464巷2弄1-4號
電話　(02)2945-3191
傳真　(02)2945-3190
網址　www.rising-books.com.tw
e-Mail　resing@ms34.hinet.net

劃撥帳號　19598343
戶名　瑞昇文化事業股份有限公司

本版日期　2016年6月
定價　350元

國家圖書館出版品預行編目資料

頂級職人淋漓盡致：咖啡調理技術 / 阪本義治；
高詹燦, 黃正由譯. -- 初版. -- 新北市：瑞昇文化,
2013.08
136面；18.2X25.7公分
譯自：新しいバリスタのかたち：「世界基準のバリスタ」を目指すためのスキルアップ教本
ISBN 978-986-5957-88-9(平裝)
1.咖啡
427.42　102016835